はじめての
バカロレア数学

**公式暗記は不要！
思考力がつく"社会で使える"数学**

国際バカロレア研究会
倉部 誠

BABジャパン

はじめに　（IB 数学の特徴）

IB（インターナショナル・バカロレア）とは

　もともとフランスで採用されていた大学入学資格試験，バカロレアに基づいてそれを国際規格にしたものが IB，インターナショナル・バカロレア資格制度です。日本では通称大検 (大学入試検定) がありますが，これは大学入学試験を受ける資格であるのに対して，IB は大学に入学できる資格である点が違います。もちろんどこの大学でも自由に入学できるわけではなく，入りたい大学が要求する IB 得点以上の成績を収めていなければなりません。

　IB 資格は最終試験に受かりさえすればよいのではなく，高校最後の 2 年間で，そのプログラムに定められたカリキュラムに沿って必要な科目を履修し，それぞれの単位を得てさらに 5 月に 1 週間程度の期間で行われる最終試験に合格しなければなりません。さらに IB コースを取るには高校 1 年度で学校が履修可能と認めるだけの成績を収めていなければなりません。ごく大まかな目安ですが，成績の席次が上位 1/3 以内に入っていないと完全履修は不可能です。

　プログラムには完全履修のフル IB と個別の科目だけをとるパーシャル IB とがありますが，大学へ入るにはフル IB 資格が必要です。フル IB をとるには，理数系から文科系さらには芸術系にわたる広い範囲から 6 科目数を履修し，其のうち少なくとも 3 科目以上を上級レベルで履修しなければなりません。各科目は一般レベル（要するにやさしいレベル）と上級レベルの 2 つのクラスに分けられ，教わる内容もかなり明確に区別されています。例えば数学でしたら，3 次元ベクトルは上級クラスのみで一般では 2 次元ベクトルまで，微分方程式も上級レベルでのみ教えられます。

　このプログラムがユニークな点は，規定 6 科目以外に CAS（キャス：Creativity Action Service）という社会奉仕の単位，つまり下級生の勉強の面倒を見たり，学校が行う公式行事の世話役をしたり，他人の世話をする奉仕活動をすることと，Theory of knowledge という人文学系の科目が必修科目として組み込まれている点です。自分の勉強だけしていればいい，そんな身勝手なことは赦されません。あくまでも社会の一員としての教育が重要視されているのです。

　アメリカ合衆国には同じような試験に SAT というのがありますが，これは要するに試験で高い点をとって受かればよいというシンプルなもので，とても IB とは比較できません。欧州にある幾多のアメリカンスクールでは昔からこの SAT 対応の授業をしていましたが，IB を平行して取り入れる学校が増えているのも当然の帰結でしょう。英国にも GSC という似たようなプログラムがありますが，これは SAT よりは複雑に設定されたプログラムであるものの，あくまでも英国だけで通用するローカルな資格に過ぎません。ですから国際的に通用する大学入学資格試験というのはこの IB だけで，日本でも海外帰国子女用に東大，早稲田，慶応など多くの大学で採用されています。ただ日本の場合は外国と違って入学試験は別途課され，フル IB の取得は入試を受けられる資格条件としてで成績は参考にされるといった使われ方に過ぎません。しかし 2015 年の文部省通達にも明記されたように、日本の大学でもこのフル IB 資格で入学を許可するところが今後増えてくるはずです。

IB 数学についての所見

　私はオランダの地でアメリカンスクールに通った自分の二人の娘たちにこの IB 数学を "家庭教師" として 4 年間教えました。フル IB 取得を目指す日本人学生のほとんどは，たとえ文化系専攻

でも言葉のハンデが少ない数学で上級クラスを取る人が多いため，娘たちが卒業した後でも頼まれてしばしばそういう子供たちに数学を教えていました。

　この数学で面白いと思ったことは，公式を暗記しないで済むことがどれだけ学生たちによけいな負担をかけないかということです。公式を覚える必要がないので，学生たちは理解することに注力できます。IB 数学で難問と称される問題は，日本のように過去問題として<u>解き方を覚えておかなければ絶対に解けないような</u>"難問"とは異なり，<u>解き方の理解の深さを試される問題</u>となります。つまり解き方をきちんと理解していないと解けない問題が IB 数学の難問なのです。

　もうひとつ，これらの学校でも夏休みは 2 ヶ月あります。そしてその 2 ヶ月間，子供たちは本当に一切勉強しないのです。8 月後半に休みから戻ってきたばかりの子供たちに数学をやらせると，当然のことながら休み前にはすらすら解けていた問題に手を焼きます。頭の中がまさに真っ白に近い感じです。しかし日本と違うのは，それから 1 ヶ月もたたずに彼らは元のレベルに追いつきます。それは解き方を思い出すのは，公式を思い出すのよりはるかに簡単だからです。日本の学生が同じことをやったら致命傷です。その子はもう二度と再び受験戦争の列に復帰することはできなくなってしまうでしょう。

　これほどの手間隙を費やさせて公式を覚えこませる意味がいったいどこにあるのでしょう。社会に出て数学を使う局面となったら，公式集はもちろん，グラフィック・カルキュレータから電脳まで自由に駆使できます。それなら，なぜその実情に沿った勉強をさせないのでしょうか。

　二千年以上も遡った過去の詩や著作などに関する膨大な暗記をしないと受からなかった中国の科挙試験になぞらえて，私は日本で教えられている数学を科挙数学と呼びますが，科挙試験が時代に淘汰されて消滅した様に，このままでは日本の科挙数学はますます世界の趨勢から遅れて取り残されてしまいます。

　本書では，IB 数学に則り原則的に"公式は暗記しない"という前提で数学を解説しています。

　本書はもともと海外の学校で言葉のハンデを背負いながら IB 数学を学ぶ日本人学生のための参考書として書き始めたものですが，40 年以上のお付き合いとなる千葉工業大学名誉教授の武石洋征先生からのアドバイスを戴き，日本の大学受験生や，一度受験を終えて公式の暗記という科挙試験の呪縛から逃れ，せっかく学んだ数学を暗記で終わらせずにもっとしっかり"理解したい"と思う人たちをも対象として，内容を大きく変更(拡充)しました。

　その結果，数学が嫌いで普通の堅苦しい参考書を生理的に受け付けない日本の高校生たち，すでに社会人となって数学を卒業したものの，通勤途中の電車で読み物代わりに楽しく読めるような数学の解説書があれば読んでみたいと思われる，理科系だけでなく文科系も含む社会人の方々，あるいは国際標準ともいえる IB プログラムの数学にご興味をお持ちの教育関係者の方々にも十分お役に立てる内容に広げられたと思います。

　武石先生には 2001 年に文藝春秋社から「物語オランダ人」というエッセイを出版した際もご指導をいただき，執筆に際してお世話になるのは今回で 2 回目となります。この紙面を借りて心からの感謝の気持ちを表したく存じます。

　では本書がきっかけで数学を身近に感じてもらえる人が一人でも多く出てもらえることを心から願っております。

　2016 年 10 月

倉部　誠

目　次

はじめに：IB数学の特徴 ———————————————————— 2

グループ1
わずかの手間で
マスターできる基本事項
→早めにマスターした方が勝ち！

1-1　グラフで考える関数 ———————————————————— 8
- 1-1-1　関数と逆関数 ———————————————————— 8
- 1-1-2　関数の対称性 ———————————————————— 11
- 1-1-3　高次関数のグラフ ———————————————————— 14
- 1-1-4　漸近線，絶対値を持つ関数 ———————————————————— 16
- 1-1-5　グラフで解く不等式 ———————————————————— 21
- 1-1-6　対数関数　何でこんなものがあるの？ ———————————————————— 23

1-2　数列 ———————————————————— 29
- 1-2-1　等差数列 ———————————————————— 29
- 1-2-2　階層等差数列 ———————————————————— 32
- 1-2-3　等比数列 ———————————————————— 34
- 1-2-4　それ以外の数列 ———————————————————— 36

1-3　順列 ———————————————————— 40

1-4　組み合わせ ———————————————————— 44
○数学こぼれ話　組み合わせ，確率を活用する恋愛必勝法 ———————————————————— 46

1-5　2項定理 ———————————————————— 50

1-6　確率と期待値　なぜ宝くじは儲かるの？ ———————————————————— 54
- 1-6-1　確率 ———————————————————— 54
- 1-6-2　期待値 ———————————————————— 57

1-7　数学的帰納法 ———————————————————— 62
- 1-7-1　基本的な問題 ———————————————————— 62
- 1-7-2　応用問題 ———————————————————— 66

1-8 行列式 —— 71
- 1-8-1 行列式の基本計算 —— 71
- 1-8-2 さまざまな行列式 —— 76
- 1-8-3 行列式を使った基本応用計算 —— 80
- 1-8-4 行列式を使った座標変換 —— 85

1-9 繰り返し演算 —— 90

1-10 角度の異なる表記法 —— 95
○数学こぼれ話　ラジアンの起源 —— 97

グループ2
理解するのに結構手間が掛かる項目
→その上，3ヶ月もやらないでいると忘れてしまう所！

2-1 複素数 —— 102
- 2-1-1 実際にない数，虚数 —— 102
- 2-1-2 複素数平面と極座標表示 —— 106
- 2-1-3 ド・モアブルの定理 —— 113

2-2 ベクトル —— 120
- 2-2-1 ベクトルの足し算・引き算 —— 120
- 2-2-2 ベクトルの掛け算 —— 122
- 2-2-3 線と面のベクトル表示 —— 128
- 2-2-4 ベクトルで解く面と線，面と面との関係 —— 133

2-3 統計　IB数学では本当はこれだけで一冊の本になる範囲です。 —— 142
- 2-3-1 平均値，中間値，四分位 (Quotail) —— 143
- 2-3-2 分散，標準偏差 —— 144
- 2-3-3 ガウス分布，確率計算 —— 146

グループ3
高校数学の御三家
→たくさんの手間隙を掛けてやっとマスター！
加えて，ちょっとでもやらないとすぐに忘れてできなくなるやっかいな単元

3-1　三角関数 ─────────────── 154
　3-1-1　三角関数事始め，サイン，コサイン，タンジェント ─── 154
　3-1-2　基本7つのステップ，これさえ分かれば怖くない！ ─── 156
　3-1-3　基本公式：三角関数攻略の鍵 ─────────── 160
　3-1-4　三角(関数)方程式の解き方 ─────────── 165
　3-1-5　逆三角関数 ─────────────── 168

3-2　微分 ─────────────────── 171
　3-2-1　微分の第一公式 ─────────────── 172
　3-2-2　微分の第二公式 ─────────────── 174
　3-2-3　さまざまな微分公式 ─────────────── 175
　3-2-4　置き換え微分 ─────────────── 180
　3-2-5　いきなり微分 ─────────────── 182
　3-2-6　逆三角関数の微分 ─────────────── 184
　3-2-7　微分方程式の解き方 ─────────────── 186
　3-2-8　関数のグラフ表示 ─────────────── 190
　3-2-9　微分の応用問題 ─────────────── 194
○数学こぼれ話　微積分で解説する恋愛の男女差 ─────── 197

3-3　積分 ─────────────────── 200
　3-3-1　台形公式 ─────────────── 200
　3-3-2　積分の一般公式 ─────────────── 202
　3-3-3　三角関数の基本積分 ─────────────── 203
　3-3-4　パターン認識で求める積分計算 ─────────── 204
　3-3-5　定積分　面積や体積を求める積分です ─────── 213
　3-3-6　積分の応用問題 ─────────────── 218
○数学こぼれ話
秘儀"真剣白刃取り"への科学的考察　果たして"真剣白刃取り"は可能や否や？ ─── 222

著者紹介 ─────────────────── 229

グループ1
わずかの手間でマスターできる基本事項

→早めにマスターした方が勝ち！

- 1-1　グラフで考える関数
- 1-2　数列
- 1-3　順列
- 1-4　組み合わせ
- 1-5　2項定理
- 1-6　確率と期待値　なぜ宝くじは儲かるの？
- 1-7　数学的帰納法
- 1-8　行列式
- 1-9　繰り返し演算
- 1-10　角度の異なる表記法

1-1 グラフで考える関数

1-1-1 関数と逆関数

　今は関数と書きますが昔は，と言っても戦後ですからまだ 40 年位前までですが，函数と書き表していたものです。この本を読んでいる皆さんの先生たちの世代でもこの表記法を覚えている人はもうめっきり少なくなってしまったことでしょう。

　函という字は箱を意味します。中国語では函数をファンスーと発音します。ファンクションに近くなんとなく当て字っぽいですね。しかし，これは単なる当て字に留まりません。よくこれほど適切な意味を持つ字，それも発音まで似ている字を選んだものだと中国の先人たちに敬意を表したくなります。

　皆さんはシルクハットからウサギを取り出す手品（昔はテヅマと発音したものです）を一度は見たことがあるでしょう。あのシルクハットの帽子を函（箱）と見立てて，そこに何かを入れると形の異なる何かが変わりに出てくる手品を想像して見てください。

　たとえば手品師（テヅマシ）が黒色のピースのタバコ箱をシルクハットに入れた後，中に手を突っ込むとなんと黒色のウサギが現れます。このシルクハットではピースの箱を入れると必ず黒色のウサギが出てくると決まっています。決してピンクのウサギは出てこないようになっているのです。次に白のハイライト箱を入れると代わりに出てくるのは白ウサギです。決して黒ウサギは出ません。要するにこの魔法のシルクハット，これが函数のイメージです。関係のある数，関数などよりはるかにイメージが湧く表記法だとは思いませんか。

　ところでウサギと聞いても決して編みタイツ姿のバニーガールなど想像しないでください。集中力が落ちますので，念のため。

　さて函数のイメージができたところで，さらに話を先へと進めましょう。

　たとえば今度は逆に黒ウサギをシルクハットへ入れてみます。すると前と同じように黒色のピース箱が出てくれば，これは入力と出力が常に一対一の関係，つまり one one function と定義されます。ワンワンと来てウサギの後は犬になりましたね。

　今ここで黒ウサギからピース箱が出る関係は初めのピース箱から黒ウサギを出す関係の逆，つまり逆関数と定義します。どうですか，こう説明すると逆関数のイメージがかなりはっきりしてきませんか。

　更に話を進めます。

　さて今度は違うシルクハットを取り出して，そこにピース箱を入れれば（入力すれば）黒ウサギしか出ないのではなく，たとえば白うさぎも場合によって出てくる（出力される）という場合はどう考えればよいのでしょう。これは one two function と呼ばれ，皆さんは実際の例を既にご存知です。

　たとえば

$$x = y^2 \quad （1）$$

という関係を考えてみましょう。$x = 4$ に対して y は $+2$ と -2 の二つが出てきます。

どちらも正解です。ピース箱（x）を入れたらウサギ（y）が黒ウサギか白ウサギのどちらかが出てくるのと同じです。

これを逆関数の場合で考えて見ましょう。つまり黒ウサギを入れたらピース箱がでたりハイライト箱がでたりする場合です。

関数でいえば

$$y = x^2 \quad （2）$$

がその関係の一例です。つまり，ウサギ $y = 4$ に対してタバコ x は＋2と－2の2つが出てきます。

ところで①式と②式を比べると $y \to x, x \to y$ に入れ替わっていることに気がつきますね。そうです，それが逆関数同士の関係なのです。

$$y = x^2, x = y^2$$

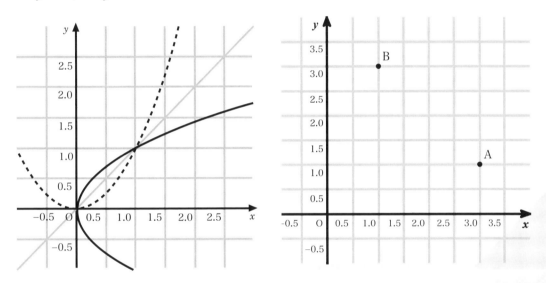

ある関数とその逆関数との関係は，グラフ上で見るとさらによく分かります。xとyを入れ替えたというのですから，関数上のA点と逆関数上でそれに対応するB点とは $y = x$ の線に関して対象の位置にあります。関数自体が描く線も直線であれ，曲線であれ同様に $y = x$ の線に関して対象となります。

それでは今度はドメイン（xの範囲）とレンジ（yの範囲）が逆関数ではどう変わるのかを考えてみましょう。

例えば,

$$y = e^x$$

という指数関数 exponential function を考えてみます。

この関数では x のドメインは負の無限大から無限大まで,つまり

$$x \in \mathbb{R}$$

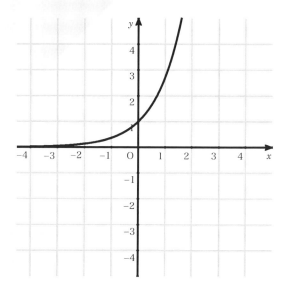

y のレンジはゼロ以上から無限大

$$y > 0$$

となることは分かると思います。

ではこの逆関数を考えます。当然 y を x,x を y に入れ替えて

$$x = e^y$$

これを $y =$ の形に書き直しますから

$$y = \log_e x$$

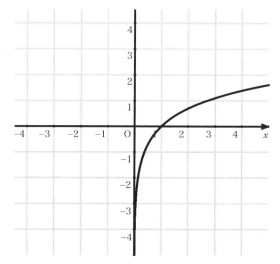

さあ,この逆関数の x のドメインと y のレンジを調べてみましょう。

x のドメインはゼロ以上から無限大まで。

$$x > 0$$

y のレンジは負の無限大から正の無限大まで,つまり

$$y \in \mathbb{R}$$

なんだ,さっきの関数と比べるとドメインがレンジ,レンジがドメインに入れ替わっているだけではないですか。考えてみれば当たり前です。なぜなら逆関数は x(ドメイン)を y(レンジ),y(レンジ)を x(ドメイン)に入れ替えて作ったのですから。

では逆関数が理解できたところで練習問題をやってみましょう。

問題1
$$y = \frac{1}{x^2}$$

を描き，さらにこれに対応する逆関数を描きなさい。

問題2 $y = x^2 + 2x + 1$

を描き，さらにこれに対応する逆関数を描きなさい

解1

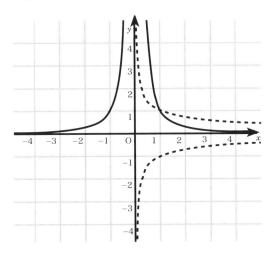

解2

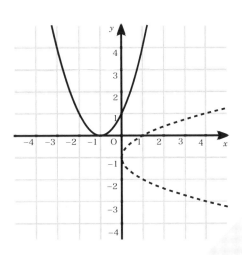

解，解2共に実線が元の関数，点線が逆関数です。

1-1-2 関数の対称性

（1）関数の性質としての対称性

ある関数 $f(x)$ がどんな性質を持っているか考えてみましょう。グラフに表してみてすぐに分かるのが対称性です。たとえば x 軸に対して対称，y 軸に対して，さらにその両方に対して（すなわち原点に対して）対称というやつです。

1）まず y 軸に関して対称な関数のグラフを書いてみましょう。たとえば

$$y = f(x) = x^2$$

などが代表的な関数です。

この関係では
$x = 2$ では $y = 4$
$x = -2$ では $y = 4$

つまり x の正負にかかわらず y の値は同じ，これを数式で書き表せば

$f(-x) = f(x)$

こうした，y 軸対象の性質を持つ関数を偶関数 (even function) と呼びます。

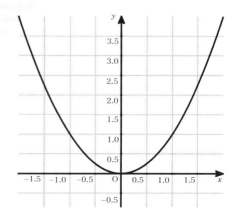

2）次に原点に対して対象となる関数を見てみましょう。

たとえば
$y = x^3$
が代表的な関数です。

この関係では
$x = 2$ では $y = 8$
$x = -2$ では $y = -8$

つまり x の正負が変われば y の正負もそれに応じて変わります。これを数式で書き表せば

$f(-x) = -f(x)$

こうした，原点対称の性質を持つ関数を奇関数(odd function)と呼びます。奇妙な(=odd)関数なのですね，まさしく。

3）最後にどちらでもない関数を考えてみましょう。つまり偶関数でも奇関数でもない関数です。そんなものがあるのかって？ もちろんあります，それもそこらじゅうにごろごろしています。偶関数や奇関数の方がむしろまれなのです。
たとえば

$y = f(x) = 2x^2 + x - 1$

ためしに $f(-2) = 5$ $f(2) = 9$

従って偶関数でも奇関数でもありません。グラフに描いてみればすぐに納得できますね。

（2）次に行うことは，ある関数を軸に対称に移動，変化させることです。これはこの節前半で説明したことと関連します。

1）ある関数 $f(x)$ を y 軸に対して対称に動かしましょう。さてどうすればよいのでしょうか。

これは $y = f(x)$ で x に $-x$ を置き換えてやればよいのです。たとえば，
$$y = 2x \text{ で } x \to -x \text{ と置き換えれば}$$
$$y = 2(-x) = -2x$$

確かに2つの線は y 軸対称となりました。

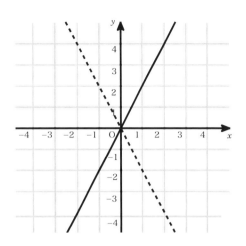

ではここで質問です。この操作を偶関数に対して行なったらいったいどういう結果となるでしょう。

答：偶関数はもともと形自体が y 軸対称になっています。
したがって x の代わりに $-x$ を入れても関数の形は元のままです。
だから偶関数なのです。

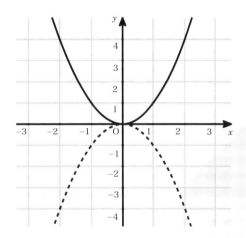

2）今度はある関数 $f(x)$ を x 軸に対して対称に動かしましょう。さてどうすればよいのでしょうか。

これは $y = f(x)$ で y に $-y$ を置き換えてやればよいのです。たとえば
$$y = x^2 \text{ で } y \to -y \text{ と置き換えれば}$$
$$-y = x^2 = y = -x^2$$

確かに2つの線は x 軸対称となりました。

3）最後にある関数 $f(x)$ を x 軸に対して対称，さらに y 軸に対して対称に動かしましょう。さてどうすればよいのでしょうか。

これは $y = f(x)$ で x に $-x$ を置き換え，
さらに y に $-y$ を置き換えてやればよいのです。
たとえば
$y = e^x$ ①（実線）で $x \to -x$

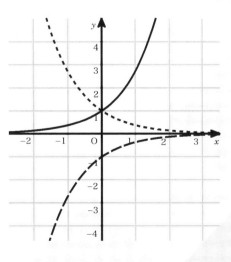

と置き換えれば
$y = e^{-x}$ （点線）
さらに y を $-y$ で置き換えれば
$y = -e^{-x}$ ② （破線）
図で表せば前ページのようになります。確かに②は①に対して原点対称となっているのがわかります。

1-1-3 高次関数のグラフ

関数の要素（パラメータ，梵語の波羅蜜多（ハラミッタ）と発音が似ていますね），つまり x の何乗かが関数の次数です。たとえば $y = x^4 + 2x^3 + 2$ という関数では要素 x の乗数のうち最高の4がこの関数の次数となります。つまりこの関数は4次関数ということです。

では，2次関数も含めて高次関数をグラフに描く際の基本ルールをこれから述べます。

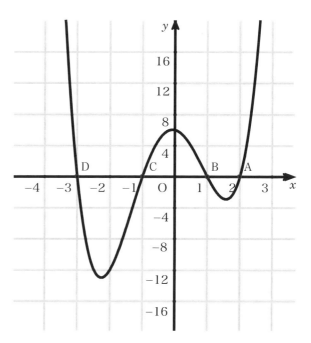

1）次数の分だけ $y = 0$ を満たす x の根が存在する。別の言葉で言えば次数の数だけグラフの曲線は x 軸を横切る，ということです。

たとえば $y = x^4 + 3x^3 - x^2 - 1$

これは x の最高次数が4，つまり4次関数なので基本的にはグラフは x 軸を4回横切ります。

2）最高次数の項が正ならばグラフは右上から x 軸を横切り，負ならば右下から横切る。

例-1 $y = -x^3 + 2x^2 + 3x + 1$
最高次数の符号が負（実線）
例-2 $y = +x^3 - 2x^2 - 3x - 1$
最高次数の符号が正（点線）

右上から始まる

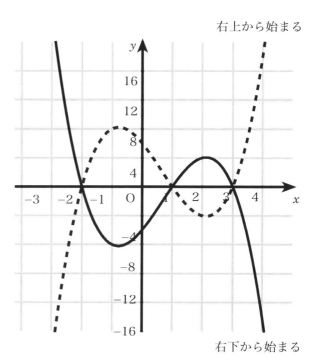

右下から始まる

3) 関数を因数分解 (factoring) した際，2乗の要素があればその部分をゼロとする x の値でグラフは x 軸を突き抜けずに接する。3乗であればその x の値でグラフは x 軸に接すると見せて突き抜けるというトリッキーな動きをとる。

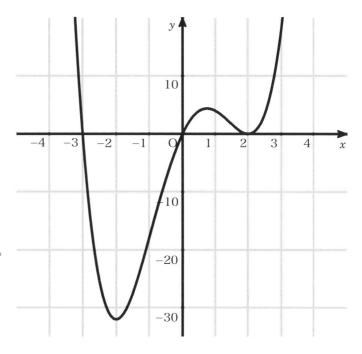

例　$y = x(x-2)^2(x+3)$
　$(x-2)$ が2乗, $x=2$ で接する。

例　$y = x^3(x-2)^2(x-4)$
　x が3乗, $x=0$ で接すると見せかけて突き抜ける。

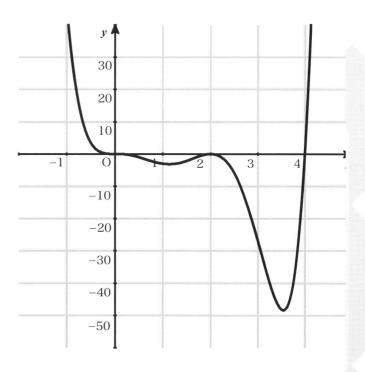

1-1-4 漸近線，絶対値を持つ関数

A. 漸近線（ゼンキンセンです。ザンキンセン（残金銭）などと読んではいけませんよ！）

漸近線とはパラメータの x がある決まった値に限りなく近づくにつれてグラフが限りなく近づいていく線（たいていの問題では直線となりますが，曲線の場合もあることに注意してください）のことを指します。

一番簡単な例を示します。

$$y = \frac{-1}{x}$$

「なんだ，これは中学２年生で習う反比例のグラフじゃないか」と思った人，正解です。では当然ですがグラフも描けますね？

右がそのグラフですが，まさか第二象限だけしか描かなかった，なんてことはありませんよね。

もしそうだったら中学生からやり直しですぞ。

さて，次に質問ですが，このグラフで漸近線はいったいどれでしょう。

「ありません」などとは言わないで下さいよ。

では実際に考えてみましょう

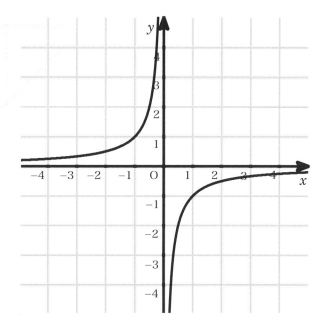

1）x が限りなく + 無限大に近づくとき → y は限りなくゼロに近づきます。

2）x が限りなく − 無限大に近づくとき → y は限りなくゼロに近づきます。

このことから漸近線は x 軸，つまり $y = 0$　①

3）x が限りなく + ゼロに近づくとき → y は限りなく + 無限大に近づきます。

4）x が限りなく − ゼロに近づくとき → y は限りなく − 無限大に近づきます。

このことから漸近線は y 軸，つまり $x = 0$　②

以上より，この関数は $y = 0$ と $x = 0$ の２つの漸近線を持つことがわかりました。

次にもう少し難しい問題をやってみましょう。

問題1 次の関数の漸近線を求めてグラフを描きなさい。

1) $y = \dfrac{x^2}{x^2-1}$　実線

2) $y = \dfrac{x}{x^2-x-6}$　点線

3) $y = \dfrac{x^2}{x+2}$　破線

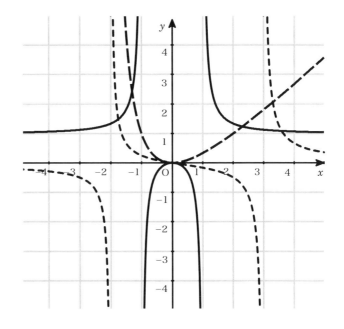

解

1) $y = \dfrac{x^2}{x^2-1} = 1 + \dfrac{1}{(x+1)(x-1)}$　実線

漸近線 $y = 1,\ x = 1,\ x = -1$

2) $y = \dfrac{x}{x^2-x-6} = \dfrac{2/5}{(x+2)} + \dfrac{3/5}{(x-3)}$　点線

漸近線 $y = 0,\ x = 3,\ x = -2$

3) $y = \dfrac{x^2}{x+2} = x - 2 + \dfrac{4}{x+2}$　破線

漸近線 $y = x - 2,\ x = -2$

問題 2 次のグラフがあらわす関数を求めよ。

今度は漸近線で示されたグラフからその関数を推察する問題です。これは IB テストレベルとなります。与えられているのはグラフの形，漸近線そして A と B 2 点の座標です。

1）A (−1, −0.5) , B (0, 0)

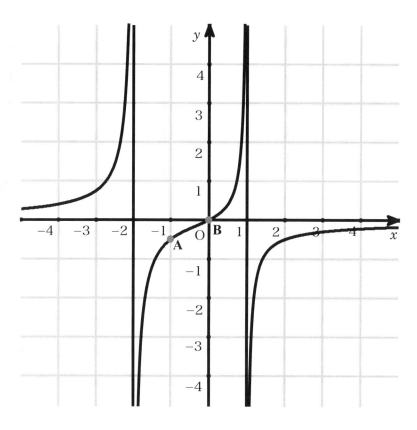

答　$y = \dfrac{1}{3(x-1)} - \dfrac{2}{3(x+2)}$

2) A(-1, 0), B(2, 2)

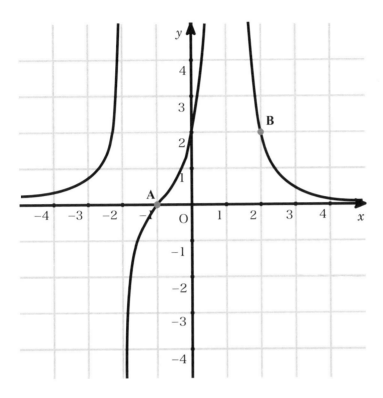

答　　$y = \dfrac{32}{15(x-1)^2} - \dfrac{8}{15(x+2)}$

注）このように漸近線の両側から x が近づいた際に y の値が同じ方向へ向かう場合は変数の次数が 2 となります。

IB 問題

（1）$f(x)$ という関数が次のように定義されるとき $f(x) = k/(x-k),\ x \neq k,\ k > 0$

1）下のグラフに関数 f をスケッチせよ。軸との交点と漸近線を図中に明示せよ。

2）下のグラフに f の逆関数 $1/f$ を描け。軸との交点を明示せよ。

〔2004 年度上級レベル，ペーパー 1〕

注）ペーパー 1：基本問題，ペーパー 2：応用問題でそれぞれ別の日に試験があります。

解 1) 解 2)

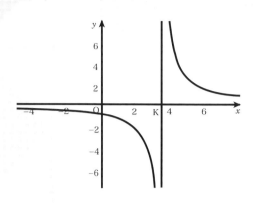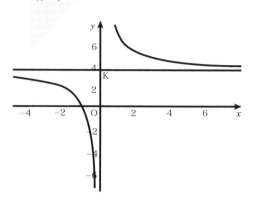

（2）次の関数が持つ漸近線をすべて求めよ　$y = (x^2 - 2x - 5)/(x^2 - 5x + 4)$

〔2002年 上級レベル ペーパー1〕

解
$x = 1$

$x = 4$

$y = 1$

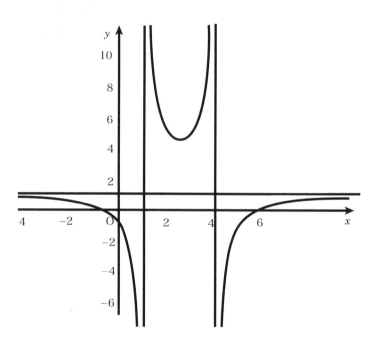

絶対値を持つ関数のグラフ

ここではいまさら絶対値とは何かなんて，もう説明しませんよ。当然わかっていますよね!?

早速問題です。

次の関数のグラフを描きなさい。

1) $y = |x|$

2) $y = \left| x^2 + 2x - 3 \right|$

解1)
$y = x$ のグラフと違うのは x がマイナス領域では $y = -x$ のグラフに変わるということです。

つまり絶対値のグラフというのは絶対値がつかない元のグラフがマイナスとなる部分でマイナスにならないように折り返したグラフとなります。

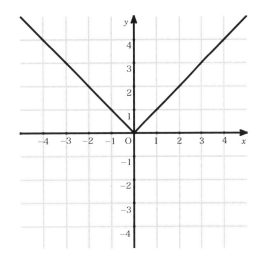

解2)
同じように絶対値がつかない元の関数
$y = x^2 + 2x - 3$
のグラフを下掲左の図で示します。

そうすれば絶対値がつく関数のグラフはマイナスの部分をプラスへ折り返せばよいのですから，下掲右図で示すグラフとなります。

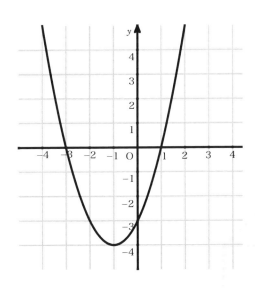
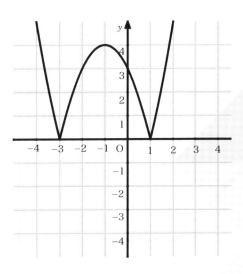

1-1-5　グラフで解く不等式

さあここではグラフを使って不等式を解いてみましょう。

試しに $x^3 + x^2 - 4x - 4 \geq 0$ となる x の値を求めましょう。

この不等式を解くためにまず $y = x^3 + x^2 - 4x - 4$ の関数のグラフを描いてみます。

イメージとしては右のようになります。

それでは実際にどの点でx軸を横切るのでしょう。それを知るには因数分解して

$y = (x - 2)(x + 1)(x + 2)$

という形に直せばこのグラフはxが-2, -1, 2の時にy = 0, つまりx軸を横切ることことがわかります。

$x^3 + x^2 - 4x - 4 \geq 0$ はどういうことかこのグラフで考えると，

$y = x^3 + x^2 - 4x - 4$ なのですから $y \geq 0$ となるxの範囲を求めればよいことがわかるでしょう。

それに対応するのはグラフがプラスとなる部分です。したがってこの不等式の解は

$-2 \leq x \leq -1, \; 2 \leq x$

となります。

もっと簡単な2次関数でもやってみましょう。

問題 $y = x^2 - ax + 1$ が根を2つ持つaの値を求めよ。

根が2つですから判別式Dを使ってD > 0となるようにaの値を定めればよいのですから

$D = a^2 - 4 \times 1 \times 1 = a^2 - 4 > 0$

このD（yに相当）とa（xに相当）の関係をグラフにしてみましょう。

このグラフでDが正となるのは右のグラフの曲線のy > 0となる部分，それに対応するXの範囲はx軸上でx < -2, 2 < xの部分。

答は $a < -2, \; 2 < a$
となります。

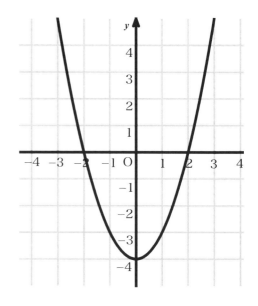

1-1-6 対数関数　何でこんなものがあるの？

　対数，あるいはログといいますが一体なんでこんなものがあるのでしょう。これがよく理解できない人たちは本当に心底そう思って腹を立てていることと推察します。指数関数はその意味，あるいは意義が理解できても対数関数というのはなぜそんなものが必要なのか，理解できないという思いは私にはよく理解できます。

　でも対数というのはもともと計算を簡単にするために編み出されたものなのです。意外ですか？

ではここでひとつ四方山話

　数学はインドで発見されたゼロという数の概念がアラビアに伝えられ，そこで代数学となって今日の私たちが中学校で学ぶ数学（代数）が大いに発展しました。これは欧州がカソリックという宗教で束縛され，自由なものの考え方ができずに自然科学系の学問が停滞し続けた中世のころです。

　次に，今日私たちが高校で学ぶ数学は 18，19 世紀のフランスで続々と起こりました。

　当時のフランスではもちろん電脳という便利なものはありませんから，数学者はみな紙と鉛筆で延々と長い計算に取り組んでいたのです。
「円周率を百桁まで計算したぞ！」そんなことが学会誌に載せられるような時代でした。

　ですから当時の数学者たちの関心事は，いかにして複雑な計算をシンプルにかつ容易にできるようにするか，にありました。その目的のためたくさんの変換を考え出して行ったのです。変換とは一種のワープ走行です。まともに一歩ずつ歩いていけば遠い道のりでもワープ走行でいけばあっという間に何万光年も進めます。数学の計算でも単なる四則演算だけではなく，計算のルールを<u>新しく考え出して</u>，それにのっとって計算すれば今まで大変だった計算が簡単にできたり，それまでは解けなかった難問が解けたりします。

　その目的で発案された最初の計算方法，つまり最初の変換が対数だったのです。

　ところでさらに話は横道にそれますが，大学で数学を専攻する人たちの第一外国語は英語ではなくフランス語です。それは近代数学がフランスで花開いたことによります。アラビアでなくて幸いでした。あんな難しい言葉を無理やり勉強させられるのなら，数学は専攻しないという人がきっと増えるに違いありません。

　では複雑な計算を簡単にして"私たちの人生を易しく（≠優しく）してくれた"ありがたい対数をこれから勉強しましょう。

　さて対数とは何だと一言で言えば，掛け算を足し算，割り算を引き算へと変えてくれる変換 transformation だと言えます。それはもう十分理解していることと思います。ここでは，さらに対数の意味をもっと深く考えて見ましょう。

　皆さんはグラフで対数軸グラフというのを見たりしたことがないでしょうか。要するに x 軸，あるいは y 軸，もしくはその両方が対数表示となったグラフです。そういうグラフをそれぞれ片対数グラフ，両対数グラフと呼びます。

　通常ですとグラフの線がきちんと等間隔で並んでいますが，この対数グラフでは

（1）線の間隔が次第に狭くなる。
（2）それがあるところまでいくとまた広くなりそしてまた狭くなっていく，それを繰り返す。
（3）もうひとつ，あるべきゼロの位置（線）が対数軸上のどこにもない。

こうした特徴があります。

以下に片対数，両対数二つのグラフを示します。難しいことは考えずにまずグラフを眺めてみてください。

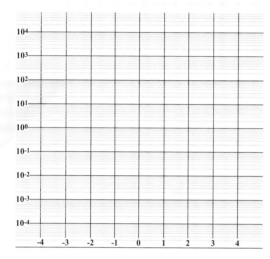
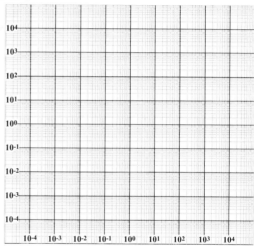

片対数グラフ（縦軸のみ対数）　　　　　　　両対数グラフ（縦軸，横軸共に対数）

ゼロ表示がないのに気がつくと思います。でもゼロの位置がないなんて，そんなことがあり得るのでしょうか？
　もっともな疑問ですが，それはまだワープ走行に慣れていない証拠です。
　たとえば y 軸が対数（ログ，log），x 軸が常数（リニア，linear）の片対数グラフを見てみましょう。リニアとの区別をするためにリニアを小文字 x, y で，ログを大文字の Y で軸を表します。
　対数軸は

$Y = \log_{10} y$

で表記します。 たとえば南海の孤島でのオウム鳥の繁殖状況をグラフ化します。x がある基準にとった年から経過した年数，y がオウム鳥の数とします。このある年以前にはこの島にはオウムはいませんでした。この年に島に流れ着いた海賊キャプテン・クックの船にいた，つがいのオウムが船から逃げ出し野生化して子孫が繁殖していきます。幸い島には天敵がいなかったので，オウムの数は爆発的に繁殖します。

	x	y
10年後		100 羽
20年後		1000 羽
30年後		50,000 羽
100年後		1,000,000 羽

ざっとこんな感じで増えました。うーむ，まるでオウムの楽園ですね。

これをグラフとする場合，時間軸である x 軸は少なくとも 0 から 100 までの年を明記できるスケールが必要です。1mm を 1 年とすれば 100mm, 10cm ですから A4 サイズのグラフで十分間に合います。

では，オウムの数を示す縦軸はどうでしょうか。少なくとも百からから百万までを明示できるスケールが必要です。一万倍となるので，100 を 1mm とすれば一万 mm, すなわち縦 10m の長さのグラフが必要です。こんなグラフ用紙などありませんよね。作ったとしても無意味なのはわかりますね。

そこで，そこで，対数グラフが役に立つのです ♪♪♪ 対数で表記すれば

$Y = \log_{10} y$ ですから $y_1 = 100$　　$Y_1 = \log_{10} 100 = 2$

$y_2 = 1000$　　$Y_2 = \log_{10} 1000 = 3$
　　　$y_3 = 1,000,000$　　$Y_3 = \log_{10} 1,000,000 = 6$

な，なんと 縦軸は 2 から 6 までの数字で 100 から 1,000,000 までの広い範囲を十分カバーしてしまうのです。これなら A4 サイズの片対数グラフで十分カバーできるどころかお釣りが来ます。

次にいよいよゼロ表示がないことの説明です。リニア数字ですとゼロから始まり 10, 100, 1000 と基準値が定まります。ではログではどうなるかといえば。対数グラフを思い出してもらえれば分かるように Y のレンジは > 0 です。Y は限りなくゼロに近づくことはできますが決してゼロにはなれません。これが第一に重要な点。　次に重要なのは，Y は y が 10 倍となれば 1 増え，100 倍となれば 10 倍の 10 倍だから 1 たす 1 で 2 増えるということなのです。

たとえば基準値を y_1 とします。これに対して y_2 は縦軸上でどれくらい増えるかといえば，

$$Y_{1\text{-}2} = \log_{10} \frac{y_2}{y_1}$$

例えば 2 倍なら $Y_{1\text{-}2} = \log_{10} 2 = 0.30103 \fallingdotseq 0.3$
例えば 10 倍なら $Y_{1\text{-}2} = \log_{10} 10 = 1$

例えば20倍なら，対数では掛け算は足し算に変換できるので
$$Y_{1\text{-}2} = \log_{10} 20 = \log_{10}(2 \times 10) = \log_{10} 2 + \log_{10} 10 = 0.3 + 1 = 1.3$$

例えば100倍なら同様にして
$$Y_{1\text{-}2} = \log_{10} 100 = \log_{10}(10 \times 10) = \log_{10} 10 + \log_{10} 10 = 1 + 1 = 2$$
あるいは「肩書きは前に出せる」ことを使って

$$Y_{1\text{-}2} = \log_{10} 100 = \log_{10} 10^2 = 2\log_{10} 10 = 2 \times 1 = 2$$

ですからグラフ用紙の寸法を合わせるために例えば $Y = 5\log_{10} y$（単位cm）とすれば片対数のグラフでは $x = 1$ に対して $x = 2$ ではそこから 1.5 (0.3 × 5) cm 上，$x = 10$ では 5.0cm 上，$x = 20$ では 6.5 (1.3 × 5) cm 上，$x = 1000$ では $5 \times 3 = 15.0$ cm 上，そのような表記となるのです。

要するに対数のグラフでは軸の位置は基準値に対して何倍となったかを示すのです。0は何倍してもゼロですからこの基準にはなれません。0.1であろうが0.001であろうがゼロでない基準値が必要です。上のオウムの場合では $x = 0$，キャプテンクックが上陸した年，オウムの数が番の2羽の時がそれぞれ基準年，基準数となります。

ここで「肩書きは前に出せる」というフレーズが出ましたが，これは掛け算が足し算に変換できることと同じです。違う言い方をしたに過ぎません。

$10^2 = 10 \times 10$ つまり10が2つ掛かった10が2個

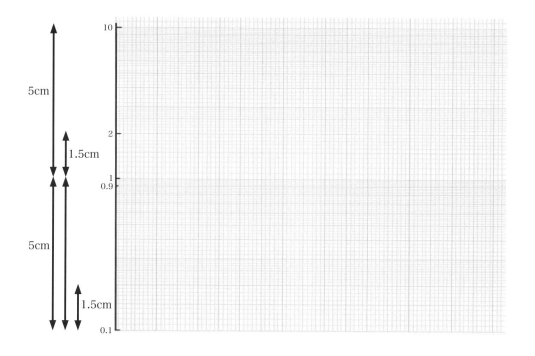

$10^3 = 10 \times 10 \times 10$ つまり 10 が 3 つ掛かった 10 が 3 個

$10^4 = 10 \times 10 \times 10 \times 10$ つまり 10 が 4 つ掛かった 10 が 4 個

$\log_{10} 10^4 = \log_{10} 10000 = \log_{10}(10 \times 10 \times 10 \times 10) = 4 \log_{10} 10 = 4 \times 1 = 4$

さて最後にもうひとつ説明したいことがあります。片対数グラフに意味があることは分かりました。それでは両対数グラフはどんな場合に使われるのでしょう。x 軸もまた対数（ログ）で表さねばならない場合など果たしてあるのでしょうか。

例えば地球が生まれてから現在に至るまでの時間の経過を横軸，縦軸には生命体の個数（数えられるかどうかは別にして），そんな場合が挙げられます。横軸は何十億年の単位ですからログでなければ到底表せません。あるいは横軸に周波数，縦軸に音の強さでは如何ですか。ちなみに音や光の強さを人間は対数的に（ログスケールで）感知します。つまり数倍になってようやく気がつく程度で，1.2 倍くらいでは差が小さすぎて違いが分からないのです。どうしてそんなに"鈍感"なのでしょうか。

もしこれが常数的に（リニアスケールで）感知するとしたらいったいどんなことが起きるでしょう。わずかな光の強弱が感知できる常数（リニア）センサ，例えば蛍の光が感知できる敏感なセンサに太陽光を当てたらそれこそいっぺんでぶち壊れてしまいます。深夜に隣の部屋で寝ている人のいびきが聞き分ける敏感な耳で，道路工事の強烈な音を聞けば鼓膜が瞬間に破裂してしまいます。

つまり，実生活に必要な広範な帯域（ダイナミックレンジ）を確保するには対数（ログ）センサでなければならないのです。

両対数グラフでもっともポピュラーなのは周波数分析図です。これは横軸が周波数，縦軸が音の強さを表すもので，簡単なものはグラフィック・イコイライザとして身近で見ることができます。

以下に周波数分析結果の例を示します。x 軸がログ軸であることはすぐにわかりますが，y 軸がデシベルという単位で表されていて，なにやら常数（リニア）のように見えます。でもこのデシベルという単位は既に対数（ログ）なのです。図の後の説明をご覧ください。

デシベル表示

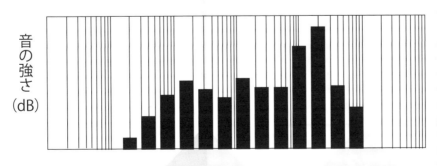

皆さんは電話を発明した人の名前を知っていますね。グラハム・ベルです。音の大きさの単位は彼の名前をとってベル（B）を使います。同様に，力を発見したニュートンを使って力の単位はニュートン（N），周波数であればドイツ人のヘルツ（Hz），圧力はフランスの科学者パスカル（Pa）を使います。横文字なので違和感はありませんが，もし日本人の名前がついた量があればなんとなく変ですね。例えば 2 S (suzuki)，5 S (suzuki) など，使っていて笑い出しそうです。外人はパスカルなどと言っても変な気はしないのでしょうか。気になります。

単位ですがそのままでは大きすぎたり小さすぎたりする場合はデシ（10 分の 1），ヘクト（100 倍）などを使って，デシベル dB（ベルの 10 分の 1），ヘクトパスカル hPa（100 パスカル）を使います。

音圧（音響パワー）のデシベル計算は次のようにデシベル表記であらわすと

$$C_w = 10 \cdot \log_{10} \frac{S_2}{S_1}$$

これはパワーを表しているのでデシベル・パワー dBW で表記されます。W はワットです。パワーが倍になればデシベルでは 10×0.3=3，デシベル値で 3 増えます。逆にデシベル値で
20 増えていれば，

$$20 = 10 \cdot \log_{10} \frac{S_2}{S_1} \qquad 2 = \log_{10} \frac{S_2}{S_1} = \log_{10} 10^2$$

$S_2 / S_1 = 10^2$ つまり S_2 は S_1 に対して 100 倍となります。

1-2 数列

1-2-1 等差数列 Arithmetric Sequence

　等差数列というのは，互いの差が一定となるような数の並び方です。例えば奇数の年に生まれた人を順番に並べてその年齢を取ると，これは等差 2 の数列となり，同じ干支生まれ（例えば寅年）の人を並べれば，等差 12 の数列となります。

　数列で一番基本的なことは，一般項と和の値が確実に計算できるようにすることです。
　今，初項を A_1，公差を d とすれば，n 番目の項 An は次のように表されます。

$$A_n = A_1 + (n-1) \cdot d$$

　例えば 2 番目の項 A_2 は一番目の項 A_1 に公差 d を（2−1），つまり 1 回分だけ足したもの。3 番目の項 A_3 は一番目の項 A_1 に交差 d を（3−1），つまり 2 回分だけ足したもの。そうです，至極当然ですね。
　では，もうこの式は問題なく理解してもらえましたね。

　それでは次に数列の和を考えましょう。

　初項が A_1，交差が d である等差数列の，1 番目から n 番目までを全て足し合わせた数列の和を求めます。

$$\sum_{k=1}^{n} A_k = A_1 + A_2 + A_3 + A_4 + A_5 + A_6 + \cdots\cdots + A_n$$

$$= 1/2\,(A_1 + A_n) \times n \qquad ①$$

①式がどうして出てきたか考えてみましょう。これが重要なのです！

　今，A_1 から A_n までを足した和を頭と尻尾を逆に並べて足し合わせてみましょう。

$$\sum_{k=1}^{n} A_k = A_1 + A_2 + A_3 + A_4 + A_5 + A_6 + \cdots\cdots + A_n$$

$$\sum_{k=1}^{n} A_k = A_n + A_{n-1} + A_{n-2} + A_{n-3} + \cdots\cdots + A_3 + A_2 + A_1$$

この 2 つを足すと

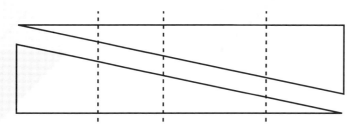

となります。
$(A_1+A_n), (A_2+A_{n-1}), (A_3+A_{n-2}), (A_4+A_{n-3}), (A_n+A_1)$ が全て同じ値，(A_n+A_1) となるのが分かってもらえましたか。

分からない人はこの図を見てください。もう分かりましたね。

↑線をどこに引いても二つの三角形を足した厚みは同じですね。

等差数列はこれ以上もう説明することはありません。では早速に問題を解いてみましょう。

問題 1
第 4 項が 4，第 20 項が 34 の等差数列がある。
（1）第 120 項を求めよ。　（2）44 は第何項となるか

問題 2
第 8 項が 18，第 20 項が -174 の等差数列がある。
（1）初項と公差を求めよ
（2）初項から第 n 項までの和を S_n とするとき，
S_n の最大値はいくつか。

解答（1）$A_1 = 130$　$d = -16$
解答（2）$A_n = 130 - (n-1)16$ である

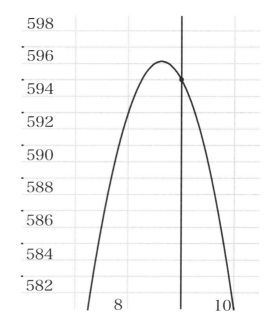

から

$$S_n = (2A_1 + (n-1)d)n/2$$
$$= (-8n + 138)n = -8n^2 + 138n$$
$$= -8(n + 69/8)^2 + 69^2/8$$

n は整数であるからしたがって $n = 9$ で S_n は最大となる。
$S_{n\,max} = -8 \times 9^2 + 138 \times 9 = 594$

問題 3 円を n 本の直線で分割する場合，線で分割される部分の最大数を求めよ。

考え方：これは正に IB 数学らしい問題です。

一本の直線で分割すれば分割される部分は 2 箇所。
2 本ならば平行に引けば一箇所増えて計 3 箇所，前の直線に交わるように引けば交点は 1 つ，区分は 2 箇所増えて計 4 箇所。
3 本ならば前の 2 本ともに交わるように引けば分割数は最大となるから交点は 2 つ増え，区分は 3 箇所増えて計 7 箇所。
4 本ならば前の 3 本すべてに交わるように引いて交点は 3 つ増え，区分は 4 箇所増えて計 11 箇所。

以上のことを考えると

直線の数	交点の増える数	増える区分数	区分数 計 N
1	0	1	2
2	1	2	4
3	2	3	7
4	3	4	11

つまり n 本の直線で分けられる最大区分数 N は

$$N = 1 + (1 + 2 + 3 + 4 + \cdots\cdots n)$$

$$N = 1 + \sum_{1}^{n} k = 1 + n(n+1)/2$$

これで答が求まりました。

1-2-2 階層等差数列

等差数列の一種で2階層下の数列が等差数列となる数列があります。これは，たとえば以下のように数列の差が等差数列になっている"階層等差数列"です。

数列 K_n	3		6		11		18		27		38
差		3		5		7		9		11	
等差			2		2		2		2		

こうした数列の n 番目の数は以下の式で表されます。

$$K_n = An^2 + Bn + C \qquad A,\ B,\ C はともに定数。$$

この数列ならば

n	n^2	K
1	1	3
2	4	6
3	9	11

これから連立方程式を作って解けば

$$3 = A \times 1^2 + B \times 1 + C$$
$$6 = A \times 2^2 + B \times 2 + C$$
$$11 = A \times 3^2 + B \times 3 + C$$

この連立方程式を解いて A = 1　B = 0　C = 2

したがって $K_n = n^2 + 2$ と平方の形で表すことができました。この場合のように数列 K_n が n の2乗と定数だけで表される場合を，特に正方行列，英語で Quadratic Sequence と呼びます。

ここで n^2 に掛かる定数Aは常に等差の半分，この場合は2の半分で1となることに着目してください。それがわかれば，連立方程式の解法は B と C だけに限られ，解くのが楽になります。

どうしてそんなことが分かるのでしょうか。それはこの K_n を等差数列の和を使って一般式に表せば分かります。早速やってみましょう。

数列 K_n	K_1		K_2		K_3		K_4		K_5		K_6
差数列 A_m		A_1		A_2		A_3		A_4		A_5	
等差			d		d		d		d		

このような階層等差数列を考えます。
数列 A の一般項 A_m は
　$A_m = A_1 + (m-1)d$　で表せます。

今 K_n を考えると m は n よりひとつ小さな数となりますから

　$K_n = K_1 + \sum_{1}^{n-1} A_m$

となるのは分かってもらえるでしょう。そうすれば

$\sum_{1}^{n-1} A_m = (A_1 + A_{n-1}) \times (n-1) / 2$

　$= (2A_1 + (n-2)d) \times (n-1) / 2$
　$= (2A_1 + 2(n-2)d/2)(n-1)/2$
　$= (A_1 + (n-2)d/2)(n-1)$

$K_n = K_1 + \sum_{1}^{n-1} A_n = K_1 + (A_1 + (n-2)\underline{d/2})(n-1)$
　　　　　　　　　　　　　　　$d/2 = n^2$ に掛かる定数です。

これを最初の数列に当てはめてみましょう。$K_1 = 3$, $A_1 = 3$, $d = 2$ ですから

$K_n = 3 + (3 + (n-2) \times 1)(n-1) = 3 + (n+1)(n-1)$
　$= n^2 + 2$

最初の答えと同じになりました。この結果からもわかるように正方数列となるのは、$A_1 + n/2 \cdot d - d = n + 1$ の場合です。そうすれば $(n+1)(n-1)$ の形となって n の項が消えます。

問題　以下の数列の一般項 K_n を n を使って表せ。

K_n　　1　5　13　25　31　51
　　　　　4　8　12　16　20
　　　　　　4　4　4　4

答　$K_n = 2n^2 - (1 + 2(n-1))$
　$= 2n^2 - 2n + 1$

1-2-3 等比数列 Geometric Series

これは次に来る数は前の数に対して決まった値（等比）だけ掛けたもの，というルールで並んでいる数の列を言います。
誰ですか，逃避数列なんて言って，やらない前から逃げ腰になっている人は！
さあ，分かってしまえば実に簡単なことですから逃避せずに取り組みましょう。

等差数列の時と同じように，
初項 A_1
等比 r
1 から n 項までの和 S_n
を使うと，以下の関係が得られます。

$$A_n = (r)^{n-1} \times A_1 \qquad ①$$

$$S_n = \frac{A_1(1-(r)^n)}{1-r} \qquad ②$$

①式がどうして得られるかは分かりますね？

$A_2 = A_1 \times r$
$A_3 = A_2 \times r = (A_1 \times r) \times r = (r)^2 \times A_1$
$A_4 = A_3 \times (r) = ((r)^2 \times A_1) \times (r) = (r)^3 \times A_1$

以上の通りです。では②式はどうやって導くのでしょうか。
考え方は等差数列の時と同じなのですが，ちょっと工夫をしなければいけません。

証明

$$S_n = A_1 + \underbrace{r \cdot A_1}_{①} + \underbrace{r^2 \cdot A_1}_{②} + \underbrace{r^3 \cdot A_1}_{③} + \cdots + \underbrace{r^{1-n} \cdot A_1}_{④}$$

今この S_n に R を掛けると

$$r \cdot S_n = \underbrace{r \cdot A_1}_{①} + \underbrace{r^2 \cdot A_1}_{②} + \underbrace{r^3 \cdot A_1}_{③} + \cdots + \underbrace{r^{1-n} \cdot A_1}_{④} + r^n \cdot A_1$$

下線同数字の項は同じ数字になることが分かりますね。ではこれらを一気に葬るために S_n から $r \cdot S_n$ を引いてみましょう。

$$S_n - r \cdot S_n = A_1 - r^n \cdot A_1 = A_1(1-(r)^n)$$

どうですか。随分とすっきりしましたね。さらに次のように変形します。

$$S_n(1-r) = A_1(1-(r)^n)$$

さあ、これで②式、

$$S_n = \frac{A_1(1-(r)^n)}{1-r} \quad ②$$

が求まりました。
何か思わずバンザイと叫びたくなるほど嬉しくなりませんか。

等比数列で重要なことは等比 r が決められた範囲内の値をとるとき、すなわち $-1 < r < +1$ で 数列の和 S_n は n が無限大になるとき、収束することです。つまり n が限りなく大きくなっても、S_n の値は或る決まった値以上には増えなくなります。
このとき、②式中で $(r)^n$ は無限に乗ずれば限りなくゼロに近づきますから

$$\lim_{n \to \infty} S_n = \frac{A_1}{1-r} \quad ③$$

という結果が得られます。つまりどんなに n の回数を増やしても、累計はこの値以上にはならないのです。
本当にそうなのでしょうか。ちょっと試してみましょう。
今、r を 0.9999 とします。結構 1 に近い数です。これを 100 乗してみましょう。まだまだ無視できるほど小さな数字とはなりません。では思い切って一億乗したらどうなりますか。計算機を使うまでもありません。間違いなく、限りなくゼロに近い数となるはずです。ですから r の値自体は、$-1 < r < +1$ という範囲に入っている限りは、それを限りなく乗ずれば、限りなくゼロに近い数となるのです。
したがって式②中で、$(r)^n$ はゼロに近い数として無視でき、③式が得られます。
それでは、等比数列の代表的な問題を解いてみましょう。これらは IB 問題の定番ともいえるポピュラーな問題です。

問題1 銀行貯金の問題
今銀行に毎年、年初に 1 万円ずつ定期貯金で預けるとします。それを 10 回続けて、ち

ょうど 10 年後に受け取れる元利合計を計算しなさい．ただし，利率は年に 3%，複利で掛かるとします．

解

最初に預けた貯金の 10 年後の元利合計 $10,000 (1.03)^{10}$
1 年目に預けた貯金の 9 年後の元利合計 $10,000 (1.03)^9$
2 年目に預けた貯金の 8 年後の元利合計 $10,000 (1.03)^8$
↓
8 年目に預けた貯金の 2 年後の元利合計 $10,000 (1.03)^2$
9 年目に預けた貯金の 1 年後の元利合計 $10,000 (1.03)^1$
すべての合計は
初項が $10,000 (1.03)^1$
等比が 1.03
項数が 10

の等比数列の和となる．
つまり $10,300 (1.03^{10} - 1) / (1.03-1) = 118,072$
元利合計は 118,072 円

問題 2 球の跳ね返りの問題

今、テニスボールと床との反発係数が 0.6 とし、1m の高さからこのテニスボールを落下を落下させて、このボールが最終的に床上に静止するまでに弾んだ距離の理論合計（最大総移動距離）を求めよ．

解

初項 1m で 等比 0.6 の数列の無限級数の和 を考え，2 項目以降は往復であるから

$1 / (1 - 0.6)= 2.5$

$(2.5 × 2) - 1 = 4$

　　　　　　　　答　4m

1-2-4 それ以外の数列

等差数列，等比数列以外の数列としては階差数列，漸化式があり，それらをこれから説

明します。

(1) 階差数列

ある数列 N_n があり，それはまた別の数列 A_n でもって次のように表されるとき，数列 n を階差数列と呼びます。
$N_1 = A_2 - A_1$
$N_2 = A_3 - A_2$
$N_3 = A_4 - A_3$

$N_n = A_{n+1} - A_n$

階差数列の和は以下のように表され，それを計算するのは簡単です。

$$\sum_{k=1}^{n} N_k = \sum_{k=1}^{n}(A_{k+1} - A_k) = A_{k+1} - A_1$$

問題 1

$N_1 = 1/2$, $N_2 = 1/6$, $N_3 = 1/12$, $N_4 = 1/20$, ‥‥ $N_n = 1/(n(n+1))$ という数列がある。この数列の 1 から第 n 項までの和を求めよ。

解

$$N_n = 1/(n(n+1)) = \frac{1}{n} - \frac{1}{n+1}$$

$$\sum_{k=1}^{n} N_k = \frac{1}{1} - \frac{\cancel{1}}{\cancel{2}} + \frac{\cancel{1}}{\cancel{2}} - \frac{\cancel{1}}{\cancel{3}} + \frac{\cancel{1}}{\cancel{3}} - \frac{\cancel{1}}{\cancel{4}} \cdots\cdots + \frac{\cancel{1}}{\cancel{n}} - \frac{1}{n+1}$$

$$= \frac{1}{1} - \frac{1}{n+1} = \frac{n}{n+1}$$

(2) 整数の自乗，3 乗の和

自然数 k の自乗，3 乗で作られる数列の和は次の式で与えられます。

$$\sum_{k=1}^{n} k = 1/2\, n(n+1)$$

$$\sum_{k=1}^{n} k^2 = 1/6\, n\,(n+1)(2n+1)$$

$$\sum_{k=1}^{n} k^3 = 1/4 \times n^2 (n+1)^2$$

問題 2
以上の３つの式を，数学的帰納法を使って証明しなさい。

解答は省略します。各自やってみてください。数学的帰納法の説明はあとで出てきますので，まだこの段階でできなくとも問題ありません。ここは飛ばして先へ進んでください。

（３）漸化式

これはくどくどと説明するよりは，実際の問題を使って説明するほうが遥かにわかりやすくなります。

1）その１
漸化式 $A_1 = 1$, $A_{n+1} = 3A_n + 2$ で定義される数列 A_n の一般項，第 1 から n 項までの和を求めよ。

解法
上の定義式を次のように変形します。

$$A_{n+1} + 1 = 3A_n + 3 = 3(A_n + 1)$$

こうすると $(A_n + 1)$ は初項が $2(1+1)$，公比が 3 の等比数列であることがわかります。
したがって $A_n + 1 = 2 \cdot 3^{n-1}$
つまり $A_n = 2 \cdot 3^{n-1} - 1$
数列の和は，

$$\sum_{k=1}^{n} A_n = \sum_{k=1}^{n}(A_n+1) - \sum_{k=1}^{n} 1 = 2(1-3^n)/(1-3) - 1 \cdot n$$

$$= 3^n - n - 1$$

2) その2

漸化式 $A_1 = 1$, $A_{n+1} = A_n + n^2$ で定義される数列 A_n の一般項を求めよ。

$A_2 - A_1 = 1^2$
$A_3 - A_2 = 2^2$
$A_4 - A_3 = 3^2$

$A_n - A_{n-1} = (n-1)^2$

つまり $A_n - A_1 = \sum_{k=1}^{n-1} k^2 = 1/6\,(n-1)(n-1+1)(2(n-1)+1)$

$= 1/6\,(n-1)\,n\,(2n-1)$

結局 $A_n = 1/6\,(n-1)\,n\,(2n-1) + A_1$
$= 1/6\,(n-1)\,n\,(2n-1) + 1$

となります。

1-3 順列

順列って何？

指定席に座れる人の選び方です。

例えば260人の国会議員がいて，その中から正副議長を一人ずつ選ぶとき，正議長席と副議長席に誰と誰とが座れるか，その選び方を考えるのが順列です。

例えば6人の人が6つ横に並べてある椅子に座る座り方（並び方）は一体何通りあるのでしょうか。

これは，椅子を中心に考えて見ましょう。今，左端の椅子から人が座り始めるとして，最初の椅子に座る人の選び方は，AさんからFさんまでの6通りです。次の椅子には，左端の椅子にもう一人が腰掛けていますから，6 − 1 = 5，5通りの人の座り方が残されました。

同じようにして，3番目の椅子は4通り，4番目の椅子は3通り，最後の6番目の椅子には残った一人だけが腰掛けられるので一通り，というわけです。

椅子 a：6通り
椅子 b：5通り

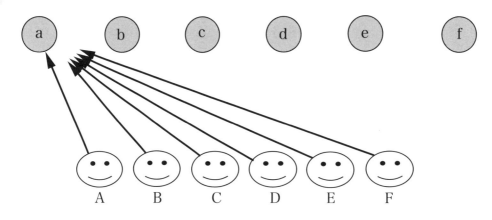

これらは，その一つのケースに対して残りの場合だけケースがありますから，全部で6

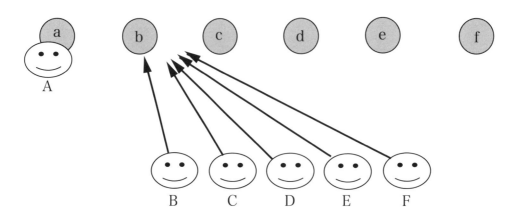

×5×4×3×2×1＝6！つまり720通りもあるのです。

では，椅子が3つだけだったら何通りになるのでしょうか。

それは，

6×5×4＝120通りとなります。

あるいは，

6！/3！

つまり椅子が6つの場合から，残った3つの場合の数で割ったもの，と考えても結構です。

6通り × 5通り × 4通り ＝ 120通り

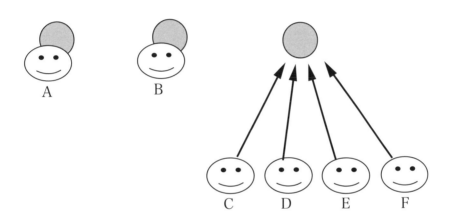

この椅子の代わりに委員長1人，副委員長1人，議長1人を選ぶ場合でも同じです。要はタイトルを特別の椅子と考えれば良いのです。

では次のバリエーションです。6人が6人がけの円卓に座る座り方は何通りでしょう。

結婚式をする場合，会場のテーブルを円卓かあるいは矩形卓にするかは重要です。なぜかというと，矩形卓では座る場所は座る人の重要性を意味するからです。

つまり結婚する二人と向き合う場所が最上で背中を向ける場所が最低というわけです。

通常は会社関係，親戚関係とグループ別に卓を決めるので，特に会社関係ですと，座る場所を間違えて指定したりすると，後でとんだ恨みを買うことになります，ゾ！。

ところが円卓ではどこが最上席という区別

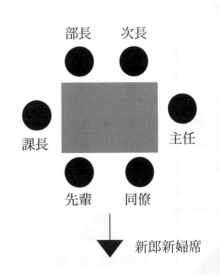

はありません。ぐるっと回せばどこに座っていても同じとなるからです。
　つまり，（1）と（2）では同じ並び方とみなせるのです。

（1）の場合

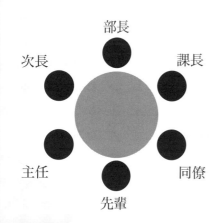

（2）の場合

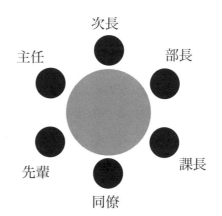

　それにしてもやっかいですね。まだ先の話でしょうが，いざ結婚式を自分で経験するときにはこの事を思い出してくださいネ！

　さて，実際にこの場合の組み合わせ数を求めてみましょう。
　最初の一つの椅子に6人が座る座り方は何通りありますか。6通りですか？ いいえ，1通りです。例えば，Aさんが一番上の席に腰掛けたとします。円卓はぐるっと回せますから一番上の椅子に掛けたつもりでも，実は6つの席のどこにでも好きな場所に腰掛けたのと同じなのです。しかし，2番目に腰掛ける人からは席が決まります。最初の人が腰を掛けることによって，残る5つの席は場所が指定される矩形卓のケースに変ったという訳です。
　Aさんの席の右隣か左隣か，その2つの席はもう同じとは見なされません。
　すなわち
　5通り×4通り×3通り×2通り×1通り＝(6−1)！通り
　となるわけです。
　n 個の席がある円卓の場合は，座り方は常に
　$(n−1)!$ 通りとなります。

　残念ながらこれで終わりではありません。まだもう1ケース，観覧車に座る座り方があります。

観覧車の場合
　これは前の円卓の場合と比べて，何が変わったのでしょうか。
　結論から言いますと，観覧車では円卓の場合の半分の座り方です。
　理由は，観覧車では左右対称の座り方は，

同じとみなせるからです。観覧車を手前から眺めるのと，後ろから眺めるのとで同じに見える場合は，同じ座り方とみなすからです。
つまり，観覧車では下の（1）と（2）は同じ場合とみなせるのです。
どうですか，これで円卓と観覧車の違いが分かりましたか

（1）   （2）

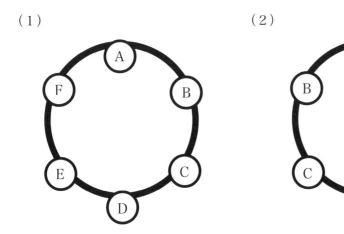

（1）を裏から見たのと同じ！

　これはIB数学では決まった数のアルファベットの飾りを紐に通していくつの違った首飾りができるか，という形でも非常にしばしば出題されます。首飾りはひっくり返しても同じですから，上の観覧車と同じに考えてください。

1-4　組み合わせ

　組み合わせと順列では何がどう違うのでしょうか。これがすぐに答えられれば，あなたは順列・組み合わせに関しては基本的でかつ大変重要な事がすでに理解できていると言えます。
　さあ，どうですか。シンプルに説明できますか。

　組み合わせというのは，一言で言えば順列で選んだ場合の数から，並べ方による違いをなくしたものです。要するに 20 人中ただ 3 人を選ぶ選び方で，委員長，副委員長，書記といった彼らの区別（つまり並べ方）は考えません。
　n 人から r 人を選び出す組み合わせを ${}_n C_r$ と表記して，これは以下のように計算できます。ちなみにこれはコンビネーション エヌ，アールと読みます。

$$_n C_r = \frac{_n P_r}{r!}$$

　${}_n P_r$ は n 人から r 人を選んで並べる並べ方，つまり順列で，$r!$ は r 人の並べ方ですから上の式は説明どおりの計算方法になっているのが分かったと思います。
　更に計算すると

$$_n C_r = \frac{_n P_r}{r!} = \frac{n!}{(n-r)! \cdot r!}$$

と表せます。
　順列が分かっていれば，どうってことはありませんね。
　組み合わせの計算はほとんど全てが暗算でできると言っても言い過ぎではありません。では実際の例を使って，その計算のやり方を説明します。

$$_6 C_2 = \frac{6!}{(6-2)! \cdot 2!} = \frac{6 \cdot 5 \cdot \cancel{4 \cdot 3 \cdot 2 \cdot 1}}{\cancel{4 \cdot 3 \cdot 2 \cdot 1} \cdot 2 \cdot 1} = \frac{\cancel{6}^{3} \cdot 5}{\cancel{2} \cdot 1}$$

$$= 3 \cdot 5 = 15$$

このように計算すればよいのです。

　もう一つやってみましょう。
　${}_{10} C_3$ ならば 7 (10 − 3) と 3 では 7 の方が大きいので，10 ! / 7 ! の計算をします。これは 10·9·8 です。これをそのままにしてさらに 3 ! つまり 3·2·1 で割るのです。そうす

れば 5・3・8＝120 というように暗算で計算できます。

分かりましたか。簡単でしょう。

この組み合わせを使った問題は，時としてとんでもない角度から出題されるので，組み合わせを使うのだと気が付かずに，それがために問題ができないことがよく起きます。つまり組み合わせに関する出題は，数学のゲリラ，あるいはテロ攻撃とも言えます。テロ攻撃に負けないようにするには，常日頃の気配りと用心が大切です。組み合わせの概念を充分に理解しておき，どのような不測の事態が起きても，それ（組み合わせの問題）と気が付く状態にしておかなければなりません。

では，そうしたテロ攻撃を早速試してみましょう。

問題 1

以下のように碁盤目状になった京都の町で，A 点から B 点まで戻らずに行く道の選び方は何通りあるでしょうか。

さあ，あなたならこの問題をどうやって解きますか。ちょっと悩んでみてください。

では解き方を説明します。

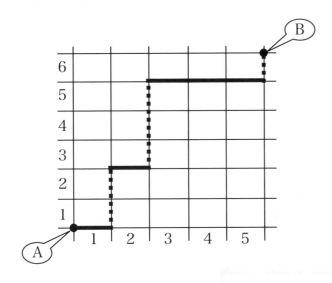

道のとり方は，横に動くのを横，縦に動くのを縦と記載すれば全部で横5つ，縦6つの道がありますから，11の指摘席に5つの横と6つの縦をどのように並べるか，ということと同じです。例えば

横 縦 縦 横 縦 縦 縦 横 横 横 縦
― ┊ ┊ ― ┊ ┊ ┊ ― ― ― ┊

という道のとり方です。ちなみにこの道順は上の図にて実線と点線2種の太線で示した行き方となります。つまり，この場合の道のとり方は，11個中5個の横，あるいは6個の縦を選ぶ選び方と同じであることに気が付きます。

つまり $_{11}C_6$ でも $_{11}C_5$ でもどちらでも同じです。

ちなみに $11 \cdot 10 \cdot 9 \cdot 8 \cdot 7 / 5 \cdot 4 \cdot 3 \cdot 2 \cdot 1 = 462$ 通りと答が出ました。

分かってみれば，案外簡単な問題ですね

では，テロ攻撃の第2弾です．

問題2
きちんと直方体にでき上がっていないサイコロがあって偶数の出る確率が0.6，奇数が0.4となっている．サイコロを6回振って，偶数が4回出る確率を求めよ．

何だか時代劇に出てくる，やくざが主催するイカサマ賭博の様子を見ているようですね．
では，早速に問題を解きましょう．

これも問題1と同じで6回のうちに偶数が4回出る組み合わせの数を求め，それに偶数が4回，奇数が2回出る確率を掛け合わせれば良いのです．
偶数が4回，奇数が2回出る確率は $(0.6)^4 \cdot (0.4)^2$ で計算できますから，

$$_6C_2 (0.6)^4 \cdot (0.4)^2 = 6 \cdot 5 / 2 \cdot 1 \cdot (0.6)^4 \cdot (0.4)^2$$
$$= 15 \cdot 0.020736 = 0.311$$

つまり，これは約31%の確率であることが分かります．ちなみにこのサイコロがイカサマ用でなく，きちんとしたサイコロならば同じ場合の確率はどうなるでしょうか．
$$_6C_2 (0.5)^4 \cdot (0.5)^2 = 6 \cdot 5 / 2 \cdot 1 \cdot (0.5)^6$$
$$= 15 \cdot 0.015625 = 0.234375$$

つまり約23%の確率となります．さっきのいかさまサイコロより確率は低くなりますね．

数学こぼれ話

組み合わせ，確率を活用する恋愛必勝法

世の中に起きている様々な現象をより的確に把握してそれに対処するには，現象を一般化することが重要です．つまり個々ではそれぞれ異なる現象にも，一般的に当てはめられる，あるいはあらわすことができる数学モデルを作ることです．それを現象の数学モデル化と言います．一番よく知られているのが，統計でのガウス分布によるモデル化です．
それでは現象を一般化すればどのようなメリットが生まれるのでしょうか．
たとえばある現象が起きます．そしてその現象が今後どのように変化して起きるのかを知ることはとても重要です．漁師にとって海の天候変化は魚の取れ高だけではなく，命まで左右します．
"夜に南の空が晴れたら明日の天気は快晴"とかいろいろな判断基準を漁師は長年積み重ねた経験から持っていますが，これらは簡単なモデル化といえます．

複雑なところでは，その昔中国の孫子が書き記した"兵法"も，国の力をモデル化してその強弱を判断し，さらには相手の力を弱め，自分の力を強くする方法を考えたものです。当事，国力を測るには人口，面積，地味が豊かかどうか(農業生産高)，地政学的な位置，隣国との力のバランス，などなど複雑な様子が絡み合っています。これらの絡み合いの具合を一般化できれば，どのような状況にでも当てはめることができる判断基準が作り出せたことになります。

測る元になる人口や面積などの要素はパラメータ，それらの要素の組み合わせ方が方程式，結果として求められる値が，関数の値となります。つまり，数学の関数の概念そのものなのです。

国力 Power=F(population, area, productivity, geographic location, neighboring balance)

そんなに大きなテーマでなくとも身近にある現象を実際に数学モデル化して，それがどのように役に立つか見てみましょう。

ある男の子が好きになった女の子に告白をして受け入れられるか否かをモデル化し，成功率を見積もる。

まず，俊夫君が愛子さんを好きになります。重要なのはその時点で愛子さんが俊夫君のことをどのように感じているかです。そのタイプは次の3通り
　好き(Positive)，どちらとも言えない(Neutral)，嫌い(Negative)
　では，俊夫君の告白をダイアグラムで表してみましょう。

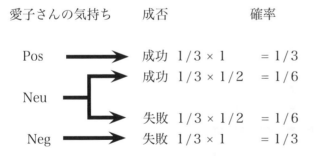

つまり成否のか確率は5分5分。分かり切ったことで，こんなことならばモデル化する意味がありません。それではこれではどうでしょう。愛子さんが東京出身の場合をT，大阪出身ならばOとして式を立てます。"えっ，そんな事が影響するの？"という声が上がるのが聞こえるようですが，影響するのです。Believe me！

愛子さんの気持ち	成否	確率（Tokyo）	確率（Osaka）	
Pos →	成功	$1/3 \times 1 = 1/3$	$1/3 \times 1 = 1/3$	①
Neu ⌐→	成功	$1/3 \times 0/2 = 0/6$	$1/3 \times 2/2 = 2/6$	②
└→	失敗	$1/3 \times 2/2 = 2/6$	$1/3 \times 0/2 = 0/6$	③
Neg →	失敗	$1/3 \times 1 = 1/3$	$1/3 \times 1 = 1/3$	④

この場合，東京の愛子さんだと成功する確率は $1/3$，大阪の愛子さんならばそれが一気に倍の $2/3$ まで改善されます。どうしてそんな事が起きるのでしょう。

それはつまり，東京の女の子の場合，普段興味を持っていない相手に告白されると自動的に拒否反応を示し，大阪の女の子の場合は，まずその相手が自分にとってよいか悪いかじっくりと考えてから結論を出す，あるいは"悪くなければまあとりあえず付き合ってみましょうか"という反応を示すことが統計的に明らかになっているからです。ですから事例②で東京の子は受諾確率 $0/2$，大阪の子は $2/2$ となるのです。

自分が若いときにこの事実を知っていたならば，振られ続きであった私の青春はもっと明るいものになったのにと思うと残念でなりません。

役に立たない後悔はほどほどにして，未来志向で考察を更に深めて行きましょう♪

3人の女の子に次々に告白をして，それが成功する確率が相手を選ぶことによってどう変わるか計算してみましょう。

計算例1 相手が全員東京の女の子の場合で少なくとも1人に受け入れてもらえる確率

早速に組み合わせを使って計算しましょう。こういう場合は $1-($ 全員に振られる確率 $)$ を出せばよいことはわかりますね。全員に振られる確率は

$$\underbrace{_3C_3(1/3)^0}_{\text{1回も成功しない}} \times \underbrace{(2/3)^3}_{\text{すべて失敗}} = 0.3$$

これから，少なくとも1人に告白を受け入れてもらえる確率は，$1 - 0.3 = \underline{0.7}$ となることがわかります。案外高いですね。ですから1人2人に振られても決して諦めずに次の子を探せば，愛が成就する確率は高くなることがはっきりと示されています。

計算例2 相手が全員大阪の女の子の場合で少なくとも1人に受け入れてもらえる確率

早速組み合わせを使って計算しましょう。

こういう場合は $1-($ 全員に振られる確率 $)$ を出せばよいことはわかりますね。全員に振られる確率は，

$$\underbrace{_3C_3(2/3)^0}_{\text{1回も成功しない}} \times \underbrace{(1/3)^3}_{\text{すべて失敗}} = 0.037$$

これから，少なくとも1人に告白を受け入れてもらえる確率は，1 − 0.037 = 0.96 となることがわかります。すごく高いですね。
　このことから次の非常に大切な指針が導き出されます。

　A．愛を確実に成就させたければ，東京の女の子など相手にせず，大阪の女の子に対象を絞るべし。
　B．どうしても東京の女の子でなければならないときは1，2回の失敗にめげるな。回を重ねれば成功確率は限りなく100%に近づく。

1-5　2項定理 Binominal Theory

それって何？

　一言で言えばピラミッドのイメージです。
　2つの項で成り立つ数式を2乗，3乗，4乗と乗数計算をしていく際に，結果としてできてくるそれぞれの項の係数を求める方法が2項定理です。

　つまり，
$(x+y)^3 = a(x^3) + b(x^2 \cdot y) + c(x \cdot y^2) + d(y^3)$
のうちで，係数 a, b, c, d の値を計算する方法です。

ステップ－1　初心者コース

　一つの数字（1）を石と見立てて積み重ねて，ピラミッドを作るようにして，各項の係数を求める方法です。

	1
$x + y$	1　1
$x^2 + 2xy + y^2$	1　2　1
$x^3 + 3x^2y + 3xy^2 + y^3$	1　3　3　1
$x^4 + 4x^3y + 6x^2y^2 + 4xy^3 + y^4$	1　4　6　4　1

　どうですか。ピラミッドのイメージでしょう？
　これならば簡単ですから，一度見ただけで覚えてしまいます。特に勉強しなくてもなんとなくわかってしまう程度のものです。
　しかし，残念ながら世の中はそれ程甘くありません。このピラミッドで解けるのはごく初歩的で簡単な問題だけです。
　高校数学で出される問題を解くには次のステップ-2に進まなければなりません。

ステップ－2　上級者コース

　上級者コースではもうピラミッドの絵など描きません。ここで使うのはコンビネーションです。
　$_nC_r$ という記号を覚えていますか。前に順列・組み合わせのところで勉強しましたね。

忘れていたら，もう一度組み合わせの所を読み直して下さい。

復習

n 個の中から r 個を取り出す組み合わせは ${}_nC_r$ という記号を使って

$$_nC_r = \frac{n!}{(n-r)!\, r!}$$

で表わされました。例えば，一クラス 30 人の中から 2 人の学級委員を選ぶ組み合わせは

$$_{30}C_2 = 30!/(28!\cdot 2!) = 30\cdot 29/2 = 435$$

と，実に 435 通りもあるのです。この問題が，委員長と副委員長とに区別されると，これは並べ方，組み合わせではなく順列の問題となることは，すでに理解していることと思います。もしそれが良くわかっていないようならば，これ以上進まずに，順列・組み合わせのところに戻って再度復習してください。

それでは，組み合わせが充分に理解できているとして，先へ進みましょう。

今，$x+y$ の n 乗展開を考えて見ましょう。結論から先に言えば，2 項定理を使うとこの展開は以下のようにできます。

$$(x+y)^n = {}_nC_{\underline{0}}(x^{n-0}\cdot y^0) + {}_nC_{\underline{1}}(x^{n-1}\cdot y^1) + {}_nC_{\underline{2}}(x^{n-2}\cdot y^2) + {}_nC_{\underline{3}}(x^{n-3}\cdot y^3)$$
$$+ {}_nC_{\underline{4}}(x^{n-4}\cdot y^4) + {}_nC_{n-1}(x^{n-n+1}\cdot y^{n-1}) + {}_nC_{\underline{n}}(x^{n-n}\cdot y^n)$$

関連する部分を下線で表記しておきましたが，一定の法則があるのに気が付きましたか。それに気が付けば，この式を理解するのは簡単です。

では $x+y$ の 5 乗展開をやってみましょう。

$$(x+y)^5 = {}_5C_0\, x^5 + {}_5C_1\, x^4 y + {}_5C_2\, x^3 y^2 + {}_5C_3\, x^2 y^3 + {}_5C_4\, x^1 y^4 + {}_5C_5\, y^5$$

どうですか。間違えずにできましたか。

ここでなぜ係数が 2 項定理で表されるのか説明しておきます。
$(x+y)^3$ の展開を考えてみましょう。x^2 の係数ですが
$(x+y)(x+y)(x+y)$ で掛け方は

($\underline{x}+y$)($\underline{x}+y$)($x+\underline{y}$)　　($\underline{x}+y$)($x+\underline{y}$)($\underline{x}+y$)　　($x+\underline{y}$)($\underline{x}+y$)($\underline{x}+y$)

xxy, xyx, yxx の 3 通り，つまり x の並べ方に注目すれば ${}_3C_2$ 通り，y の並べ方に注目すれば ${}_3C_1$ 通りの並べ方があります。その並べ方の数が x^2 の項の係数になるというわけです。

では2項定理の例題をやってみましょう。

基本問題

$(x-2)^6$ を展開して x^4 の係数を求めよ

応用問題1

$(X^3+1/X^2)^{10}$ を展開して，定数となる数を求めよ。

応用問題2

$(X-2)^2 \cdot (3-X^2)^4$ を展開して X^4 となる項の係数を求めよ。

基本問題の解答

2項定理より，x^4 の項は $_6C_2 \, x^4 \times (-2)^2$ と表される。

これを計算して $6 \times 5/2 \times x^4 \times (4) = 60 x^4$

答　60

応用問題1の解答

今 (X^3) の乗数を m，$(1/X^2)$ の乗数を n とすれば $(X^3)^m \times (1/X^2)^n = X^0$ となることより　$3m - 2n = 0$

また，展開式の乗数が10であるから，$m + n = 10$

以上の2式を連立させて解くと　$m = 4, n = 6$

したがって，求める項は

$_{10}C_6 (X^3)^4 \times (1/X^2)^6$

$= 10 \cdot 9 \cdot 8 \cdot 7 / (4 \cdot 3 \cdot 2 \cdot 1) \times X^{12} \cdot (1/X^2)^6$

$= 210 \times X^{12} \times X^{-12}$

$= 210 \times X^0$

答　210

応用問題2の解答

$(X-2)^2 \cdot (3-X^2)^4$ で $(X-2)^2$ を①，$(3-X^2)^4$ を②と置きます。

この①と②を掛けて，結果が X^4 となるのは次のA〜Eまでの4つの場合です。

場合	（A）	（B）	（C）	（D）	（E）
①	X^0	X^1	X^2	X^3	X^4
②	X^4	X^3	X^2	X^1	X^0

ただし，②式の展開で X の乗数はいつも偶数でなければならないので，（B），（D）は起こりません。また①の展開で X の最大乗数は 2 ですからケース（E）も起こりえません。つまり，（A），（C）2 つの場合を考えれば良いのです。どうですか，少しは気分が楽になったでしょう。

では早速計算してみましょう。

ケース（A） $\quad _2C_2(X^0)(-2)^2 \times {}_4C_2(3)^2(-X^2)^2$
$\qquad = 4 \times 54\, X^4 = 216 X^4$

ケース（C） $\quad _2C_0(X^2)(-2)^0 \times {}_4C_1(3)^3(-X^2)^1$
$\qquad = X^2 \times 108\,(-X^2) = -216 X^4$

したがって ケース（A）と（B）の係数値を足して $216 + (-216) = 0$
これが求める答となります。

1-6　確率と期待値　なぜ宝くじは儲かるの？

この節では，「なぜ宝くじは儲かるか」ということについてご説明します。

最近ベストセラーとなった本で「なぜ竿竹屋は潰れないか」というのがありましたね。同じようなアプローチで，どうして宝くじは東京都がやって，なぜ三菱東京 UFJ 銀行ではやらないのか，あるいはやれないのかという話をしてみます。

民間の銀行では法律で規制されているので宝くじを発行できません。なぜできないのか，答えは「非常に儲かるから」です。こんなに割りのよい"商売"は国や公共団体で独占するに限る，役人たちがそう考えて民間に"甘い汁を吸わせなくしている"のです。

昔々，江戸時代には神社やお寺で富くじと称する宝くじを売り出していました。これはお寺の屋根が古くなって修繕しなければならなくなったときなど，大きな費用を調達する際にとられた資金調達の方法なのです。そんなに儲かるものならやはり誰でもやりたくなります。だからお上は民間では宝くじを勝手にできないように厳しく規制して，公共団体だけにやらせているのです。そういえば競馬や競輪などのギャンブルも同じですね。結局儲かるものを独り占めしているのです。

ではなぜ宝くじが儲かるのでしょう。それをこれから数学の確率と期待値を使って解説します。

1-6-1　確率

確率とは一言で言って，その事象が起こる確かさで，通常パーセントであらわします。たとえば明日雨になる確率は 40% と言えば，明日雨が降るのは天気になる場合より少ない，ただし雨となる可能性も大いにある，そんな具合でしょう。

パーセントであらわすからには分子と分母があります。この場合分母はすべての起こりうる事象，分子はその事象となり，次のようにあらわされます。

たとえば 8 月の平均値で，晴 21 日，雨 10 日，合わせて 31 日とします。

そうすれば 8 月に雨となる確率を $P(R)$ とすれば

$$P(R) = \frac{10}{21+10} = 0.3225 = 32.3\%\ \text{となります。}$$

では次に 8 月で雷が鳴る日は平均 5 日あるとします。その場合雨が降って雷が鳴る日を数えると 4 日ありました。したがって晴れでかつ雷がなる日は 1 日です。今簡単のため，晴れを F (fine)，雨を R (rain)，雷を T (Thunder) で，同時に起きるのを ∩ (キャップ，確かに帽子のイメージです)，どちらかが起こるのを ∪ (カップ，これも同様のイメージ) で表します。

そうすると以下のようにそれぞれ事象が起こる確率が求められます。
雨が降って雷が鳴る確率 $P(R \cap T)$

$$P(R \cap T) = \frac{4}{10} = 40\%$$

ここで分母が 31 日ではなく 10 日となっていることに注目してください。「雨が降って」とあるから，<u>雨が降る日のうち</u>雷が鳴るという意味となって，分母には雨が降る日数が来ます。

ではここで練習をやってみましょう。雷が鳴って晴れる確率を求めてください。式では $P(T \cap F)$ となります。雷が鳴る日数は 5 日，これが分母に来ます。雷が鳴って晴れるのは 1 日，これが分子です。
したがって，

$$P(T \cap F) = \frac{1}{5} = 20\%$$

簡単でした。ではもう少しレベルアップした問題をやってください。

問題 1 8 月で雷が鳴らない雨の降る確率を求めよ

「8 月で雨の降る」とありますから分母は 10 日
　雨が降って雷が鳴らないのは $R \cap \bar{T}$
　= 雨が降る日―雨が降って雷が鳴る日 $= R - R \cap S = 10 - 4 = 6$ 日

$$P(R \cap \bar{T}) = \frac{R \cap \bar{T}}{R} = \frac{6}{10} = 60\%$$

問題 2 8 月で雨が降るか雷が鳴る確率を求めよ

「8 月で」とありますから分母は 31 日。「雨が降るか雷が鳴るか」だから $R \cup T$
　さあこれは何日でしょう。雨が降る日と雨が降らなくて雷が鳴る日を足さなくてはなりません。そうでなく雨が降る日と雷がなる日とを単純に足せば，雨が降って雷が鳴る日をダブって数えてしまうことになります。

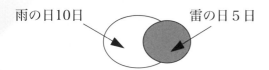

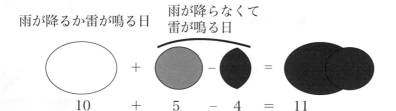

これで計算ができます。

$$P(R \cup T) = \frac{11}{31} = 35.5\%$$

最後の問題です。

問題3 8月で雷が鳴らないか晴れる日の確率

こうした問題，xx で ZZ あるいは xx もしくは ZZ というような問題は図を使うとやさしく解けます。

$\bar{T}$ 雷が鳴らない日 左の図で薄いグレーの領域
　31 − 5 = 26 日

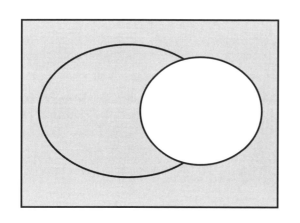

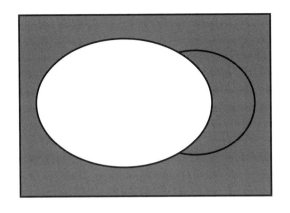

F 晴れる日 左の図で濃いグレーの領域
$31-10 = 21$ 日

雷が鳴らないか晴れるかだから $F \cup \bar{T}$ で，先の 2 つの図でどちらか一回でも色がついた領域

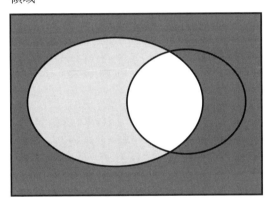

つまり全体から図中の白色部分を除いた領域

$31 - 4 = 27$ 日

$$P(F \cup \bar{T}) = \frac{27}{31} = 87.1\%$$

1-6-2 期待値

期待値というのはたとえば東京都の宝くじ，ドリームジャンボ一枚を 500 円で買ったとき，統計確率的にいくらの収入が期待できるか，ということです。まだすっきりとしませんか。ではこう言い換えましょう。

あるアラブの億万長者が百万枚発行されるドリームジャンボ宝くじを<u>全て買い占めた</u>とします。抽選が終わってこの億万長者にはいったいいくらの収入となるのでしょうか。今当たりくじの賞金と本数とが以下であるとします。

1 等 一億円　　　　1 本
2 等 一千万円　　　2 本
3 等 百万円　　　　10 本
4 等 1 万円　　　　1000 本

そうするとこの賞金の全てが入るのですから，このアラブの億万長者は東京都から一億四千万円もらえることになります。そうしますとこの宝くじ一枚あたりの統計的な期

待値は
　賞金総額 ÷ 発行枚数 = 140 円
ということになります。
　つまりこの宝くじの一枚あたりの期待値は
　期待値 = 総和 (個々の賞金 × その当たる確率) ÷ 枚数
ということです。
　一方，この億万長者が発行宝くじの全てを買い占めるのに使った金額は
　500 × 百万枚 = 5 億円
　結局 5 − 1.4 = 3.6 億円，この人は損をしたことになります。これがそもそも，"夢を売る宝くじ"の正体です。絶対に発行主（胴元）が儲かるようになっているのです。

　さらにこの期待値をギャンブルに適用してみましょう。
　街頭に白い布をかぶせた机を置いてなにやら訳ありの風体の男が客を引いています。怪しげな私営ギャンブルを開帳しているのです。机の上には以下のようなルールを説明した文が書いてあります。

　小金を設けるチャンス。勝てば今晩いっぱい飲めます。
　勝負の度にお客さんは 4000 円, 胴元は 600 円を机の上に置きます。これが勝負料金です。
　そうしたらお客さんと胴元で交互に 1 回ずつ計 2 回サイコロを振ります。胴元が双目（ゾロメ）を出したら胴元の勝ち，出せなかったらお客さんの勝ちで，買ったほうが机の上の金を取れます。さあ，今晩の飲み代を儲けましょう。

　どうですか，勝てると思いますか。本当にやったら警察に捕まるから絶対にこのような危ないことには手を出してはいけないのですが，勝てるかどうか，確率を使って計算して見ましょう。

　双目の出る確率から求めてみましょう。
　サイコロを 2 回振って双目を出す確率は，1 回目は何でもよいから 1，2 回目はそれと同じ目を出さなければならないから 1 ÷ 6 で 6 分の 1
　胴元の期待値は
　4000 円 × 1/6 = 667 円
　客の期待値は　客の勝つ確率は胴元が負ける確率と同じだから 6 分の 5
　600 円 × 5/6 = 500 円
　どうですか，これは不利です。統計的に絶対胴元が得をするように仕組まれているのがわかります。

IB 問題

問題A

あるゲームで一人のプレーヤが1回の勝負で勝つ確率が1/4とします。このプレーヤが勝ったときも含めてX回勝負したとします。

（1）3回勝負したとき3回勝つ確率 $P(X=3)$ を求めなさい。
（2）このプレーヤが2回勝つまでに少なくとも3回負ける確率を求めなさい。
（3）1回勝つごとに1点得点するとして，X の期待値は16/9点であることを証明せよ。
$(1-x)^{-2} = 1 + 2x + 3x^2 + 4x^3 \ldots\ldots$ であることを利用するも可。

〔2001年上級レベル ペーパー2〕

解
（1）$P(X=3) = (1/4)^3 = 1/64$
（2）2回勝つ前に少なくとも3回負ける確率を $P(3m)$ とおく。
ここで S を勝つ，M が負けるを表すとして，2回勝つまでに少なくとも3回負ける確率は
1 − (1回も負けずに2回勝つ + 2回勝つ前に1回負ける + 2回勝つ前に2回負ける確率)
だから

$P(3m) = 1 - [P(\text{0 misses}) + P(\text{1 miss}) + P(\text{2 misses})]$

$\quad = 1 - [P(\text{SS}) + P(\text{SMS or MSS}) + P(\text{MMSS or MSMS or SMMS})$

$\quad = 1 - [(1/4)^2 + 2(1/4)^2 \, 3/4] + 3(1/4)^2(3/4)^2]$

$\quad = 189/256$

（3）X 回勝負した時のこのプレーヤの期待値を $E(X)$ と置けば，

$E(x) = \sum xP(x) = xP(M\text{が全敗}) + xP(M\text{が1敗}) + xP(M\text{が2敗}) + xP(M\text{が3敗}) + \cdots\cdots$
 1回勝負 $\quad$ 2回勝負 $\quad$ 3回勝負 $\quad$ 4回勝負 $\quad$ 5回勝負

$xP(M\text{が全敗}) = 1 \cdot (1/4) + 2 \cdot (1/4)^2 + 3 \cdot (1/4)^3 + 4 \cdot (1/4)^4 + 5 \cdot (1/4)^5 + \cdots\cdots$

$\qquad\qquad\quad = (1/4)(1 + 2 \cdot (1/4) + 3 \cdot (1/4)^2 + 4 \cdot (1/4)^3 + 5 \cdot (1/4)^4 + \cdots\cdots)$

$\qquad\qquad\quad = 1/4 \cdot (1 - 1/4)^{-2} \quad$ 与えられた展開公式を利用

$xP(M\text{が1敗}) = 0 \cdot (3/4) + 1 \cdot (1/4)(3/4) + 2 \cdot (1/4)^2(3/4) + 3 \cdot (1/4)^3(3/4) +$
$\qquad\qquad\quad 4 \cdot (1/4)^4(3/4) + \cdots\cdots$

$\qquad\qquad\quad = (1/4)(3/4)(1 + 2 \cdot (1/4) + 3 \cdot (1/4)^2 + 4 \cdot (1/4)^3 + 5 \cdot (1/4)^4 + \cdots\cdots)$

$\qquad\qquad\quad = (1/4)(3/4)(1 - 1/4)^{-2} \quad$ 与えられた展開公式を利用

$xP(M\text{が2敗}) = 0 \cdot (3/4)^2 + 1 \cdot (1/4)(3/4)^2 + 2 \cdot (1/4)^2(3/4)^2 +$
$\qquad\qquad\quad 3 \cdot (1/4)^3(3/4)^2 + \cdots\cdots$

$= (1/4)(3/4)^2(1 + 2\cdot(1/4) + 3\cdot(1/4)^2 + 4\cdot(1/4)^3 + 5\cdot(1/4)^4 + \cdots\cdots)$

$= (1/4)(3/4)^2(1-1/4)^{-2}$　　与えられた展開公式を利用

したがって $E(x)$ は，

初項が $1/4\cdot(1-1/4)^{-2}$　　等比が $(3/4)$ の等比数列で項数を無限に加えた和。

$$E(x) = \frac{1/4\cdot(1-1/4)^{-2}}{1-(3/4)} = \frac{16}{9}$$

問題 B

アンとブリジットという 2 人の婦人が，公正なサイコロを交互に振るゲームをし，最初に 6 の目を出した方が勝ちと決めます。まずアンが初めにサイコロを振ります。

（1）次の確率を求めよ。
　　1）ブリジットが初めてサイコロを振って勝つ
　　2）アンが 2 回目で勝つ
　　3）アンが n 回目で勝つ

（2）アンが勝つ確率を ρ と置きます。$\rho = 1/6 + 25/36\cdot\rho$ となることを示せ。

（3）ブリジットが 6 回勝つ確率

（4）ゲームは 6 回行われるとして，アンがブリジットよりも多く勝つ確率

〔2001 年度上級レベル ペーパー 2〕

解

（1）
　　1）$P\{$ブリジットが初回で勝つ$\}$
　　　$= P\{$アンが 6 を出さない$\} \times P\{$ブリジットが 6 を出す$\}$
　　　$= 5/6 \times 1/6 = 5/36$

　　2）$P\{$アンが 2 回目で勝つ$\}$
　　　$= P\{$アンが 6 を出さない$\} \times P\{$ブリジットが 6 を出さない$\} \times$
　　　　$P\{$アンが 6 を出す$\}$
　　　$= 5/6 \times 5/6 \times 1/6 = 25/216$

　　3）$P\{$アンが n 回目で勝つ$\}$
　　　$= P\{$アンもブリジットのどちらも $(n-1)$ 回目まで 6 を出さない$\} \times$

$P\{$アンがn回目で6を出す$\}$
$= (5/6)^{2(n-1)} \times 1/6$

(2) $\rho = P\{$アンが勝つ$\}$
  $= P\{$アンが最初で勝つ$\} + P\{$アンもブリジットも最初で6を出さない$\} \times$
    $P\{$アンがそれ以降必ず勝つ$\}$
  $= 1/6 + (5/6)^2 \times \rho$
  $= 1/6 + (25/36)\rho$ → 勝負の回数nによりません。

(3) (2) の結果より $\rho = 1/6 + (25/36)\rho$

$(11/36)\rho = 1/6$ ∴ $\rho = 6/11$ →勝負の回数によらずアンが勝つ確率

これより $P\{$ブリジットが6回勝つ$\} = 1 - \rho = 5/11$

(4) $P\{$アンがブリジットより多く勝つ$\}$
  $= P\{$アンが4回勝つ$\} + P\{$アンが5回勝つ$\} + P\{$アンが6回勝つ$\}$
  $= {}_6C_4 (6/11)^4 (5/11)^2 + {}_6C_5 (6/11)^5 (5/11) + {}_6C_6 (6/11)^6$
  $= 15 \times (6/11)^4 (5/11)^2 + 6 \times (6/11)^5 (5/11) + (6/11)^6$
  $= (6^4/11^6)(15 \times 25 + 36 \times 5 + 36)$
  $= 0.432$

1-7 数学的帰納法

それは一体何？
例えて言えば「刑事コロンボ方式」。
つまり，初めに犯人が分かっていて，彼/彼女が犯人であるかをどうやってコロンボ刑事が見つけ出すかが，物語の筋。

要するに，予め分かっている結論を基にして，定まった論理を用いて証明する方法。

一度論理を理解しさえすれば，こんなに楽な証明方法はない。
苦手なのは，その基本論理がよく理解できていないため。

英語の基本用語
Reduction 帰納法　Induction 演繹法 (通常の証明方法) Assume (動詞) 仮定する
Natural numbers 自然数 (1，2，3，4，5，6，7 ‥‥‥‥)

1-7-1 基本的な問題

（1）理解のための重要ポイント
　証明の論理
　　1）$n = 1$ で式は成り立つ。
　　2）$n = m$ で式が成り立つと仮定
　　3）$n = m+1$ でも式は成り立つ
　　4）だから，式は n が全ての自然数に対して成り立つ
　以上の4ステップを VSOP (Very Special One Pattern) で実践するだけ。
　余計な事をやらない．決められた4つのステップを勝手に省略しない。徹底的に定められた4つのステップをただただ愚直に実行するのみ。

（2）さあ，実際にやってみよう！
　1から始まる n 個の自然数の和は $n(n+1)/2$ で与えられることを証明する。

$$\sum_{k=1}^{n} k = n(n+1)/2 \quad ①$$

ステップ1
　$n = 1$ のとき

数列はもちろん 1 ただ一項だけだからその和は当然 1
式に，$k=1$ を代入すると $1\cdot(1+1)\cdot 2 \rightarrow 1$ となって式は正しい。

ステップ 2

$n = m$（m は自然数）の時に式が成立する（正しい）と仮定，すなわち

$$\sum_{k=1}^{m} k = m(m+1)/2 \quad ②$$

が成り立つと仮定。

ステップ 3

$n = m+1$ では

$$\sum_{k=1}^{m+1} k = \sum_{k=1}^{m} k + (m+1) \quad ③$$

この式だけ線で囲みましたが，この式こそが帰納法のエッセンスとも言える一番重要なところです！

$n = m$ では②式が成り立つと仮定したから，③式は以下のように書き換えられる。

$$\sum_{k=1}^{m+1} k = m(m+1)/2 + (m+1)$$

$$= (m+1)(m+2)/2 = \underline{(m+1)}(\underline{(m+1)}+1)/2$$

となるが，この式は②式中の m に $m+1$ を代入したものと同じ。

つまり，n が m の時に式①が成り立つとすれば，k が $m+1$ でも①式が成り立つことになる。

ステップ 4

いま，n が 1 のとき①式は成り立つと言えたのだから，これより n は 2 の時も①式は成立。同様にして，n が 3, 4, 5, 6, - - - - - でも①式は成立する。

結論：したがって①式は n の全ての自然数に対して成立する。証明終わり。

（3）実際の問題をやってみよう。

基本的な問題としては「数列の和がいくつになるか」を問うものがほとんどですが，たまにそうでなく，「例えばもう一回微分をする，あるいはもう一回掛けるとどうなるか」というような問題も出てきます。しかし，基本はあくまでも同じです。前に線で囲んで記載した式の意味が確実に分かっていれば，どんな形で出題されても決して困りません。

1）基本問題 その1 初級

1から始まる n^2 の自然数の和は $1/6\, n(n+1)(2n+1)$ で与えられることを証明する。

$$\sum_{k=1}^{n} k^2 = 1/6\, n(n+1)(2n+1) \quad ①$$

$n = 1$ のとき

数列はもちろん1ただ1項だけだからその和は当然 $1^2 = 1$

式に，$n = 1$ を代入すると $1/6 \cdot 1 \cdot (1+1) \cdot (2 \cdot 1+1) \to 1$ となって①式は正しい。

$n = m$（m は自然数）の時に式が成立する（正しい）と仮定。すなわち，

$$\sum_{k=1}^{m} k^2 = 1/6\, m(m+1)(2m+1) \quad ②$$

が成り立つと仮定。

$n = m + 1$ では

$$\sum_{k=1}^{m+1} k^2 = \sum_{k=1}^{m} k^2 + (m+1)^2 \quad ③$$

$n = m$ では②式が成り立つと仮定したから，③式は以下のように書き換えられる。

$$\sum_{k=1}^{m+1} k^2 = 1/6\, m(m+1)(2m+1) + (m+1)^2$$

$$= 1/6\,(m+1)(m(2m+1) + 6(m+1))$$
$$= 1/6\,(m+1)(2m^2 + 7m + 6)$$
$$= 1/6\,(m+1)(m+2)(2m+3)$$
$$= 1/6\,(m+1)((m+1)+1)(2(m+1)+1)$$

となるが，この式は②式中の m に $m+1$ を代入したものと同じ。

つまり，n が m の時に式①が成り立つとすれば，n が $m+1$ でも①式が成り立つことになる。

いま，n が1のとき①式は成り立つと言えたのだから，これより n は2の時も①式は成立。同様にして，n が3, 4, 5, 6, -----でも①式は成立する。

2）基本問題 その2 中級

1から始まる 4^k の自然数の和は $4/3\,(4^n-1)$ で与えられることを証明する。

$$\sum_{k=1}^{n} 4^k = 4/3\,(4^n - 1) \quad ①$$

$n = 1$ のとき

数列はもちろん 1 ただ 1 項だけだからその和は当然 $4^1 = 4$

式に，$n = 1$ を代入すると $4/3 \cdot (4 \cdot 1 - 1) \to 4$ となって①式は正しい。

$n = m$（m は自然数）の時に式が成立する（正しい）と仮定，すなわち，

$$\sum_{k=1}^{m} 4^k = 4/3\,(4^m - 1) \quad ②$$

が成り立つと仮定。

$n = m + 1$ では

$$\sum_{k=1}^{m+1} 4^k = \sum_{k=1}^{m} 4^k + 4^{m+1} \quad ③$$

$n = m$ では②式が成り立つと仮定したから，③式は以下のように書き換えられる。

$$\sum_{k=1}^{m+1} 4^k = 4/3\,(4^m - 1) + 4^{m+1}$$

$$= 4/3\,(1/4 \times 4^{m+1} - 1 + 3/4 \times 4^{m+1})$$

$$= 4/3\,((1+3)/4 \times 4^{m+1} - 1)$$

$$= 4/3\,(4^{m+1} - 1)$$

となるが，この式は②式中の m に $m + 1$ を代入したものと同じ。つまり，n が m の時に式①が成り立つとすれば，n が $m + 1$ でも①式が成り立つことになる。

いま，n が 1 のとき①式は成り立つと言えたのだから，これより n は 2 の時も①式は成立。同様にして，n が 3，4，5，6，-----でも①式は成立する。

IB 問題

A. ド・モアブルの定理を数学的帰納法を用いて証明せよ。

$(\cos\theta + i\sin\theta)^n = \cos(n\theta) + i\sin(n\theta)$

〔2003 年，2007 年 上級レベル ペーパー 1〕

解

$(\cos\theta + i\sin\theta)^n = \cos(n\theta) + i\sin(n\theta)$ ①　を証明する

$n=1$ に対して
$(\cos\theta + i\sin\theta)^1 \to \cos\theta + i\sin\theta$
$\cos(1\times\theta) + i\sin(1\times\theta) \to \cos\theta + i\sin\theta$

よって①は成立する。

$n = m$ に対して①が成立すると仮定する
$(\cos\theta + i\sin\theta)^m = \cos(m\theta) + i\sin(m\theta)$　②

$n = m+1$ では

$(\cos\theta + i\sin\theta)^{m+1} = (\cos\theta + i\sin\theta)^m (\cos\theta + i\sin\theta)$

この式を②を使って書き換えると

$(\cos\theta + i\sin\theta)^{m+1} = (\cos(m\theta) + i\sin(m\theta))(\cos\theta + i\sin\theta)$
$= \cos(m\theta)\cos\theta + i^2\sin(m\theta)\sin\theta + i(\sin(m\theta)\cos\theta + \sin\theta\cos(m\theta))$
$= \cos(m\theta)\cos\theta - \sin(m\theta)\sin\theta + i(\sin(m\theta)\cos\theta + \sin\theta\cos(m\theta))$
$= \cos(m+1)\theta + i\sin(m+1)\theta$
$= \cos(m+1)\theta + i\sin(m+1)\theta$

$n = m+1$ でも ② は成立する
したがって n が全ての正の整数に対して ① が成立することになる。

1-7-2　応用問題

前の節では基本的な考え方に沿った問題を解きました。ここでは一ひねり，さらに二ひねりしてある問題を考えて見ます。IB問題のpaper2で出題される数学的帰納法の問題は常にそのようなひねったものばかりです。

さて，ひねり方は問題によって違いますが，幸いなことにひねる場所はすべて共通です。それは <u>m が n から $n+1$ へ増えた時に元の式をどう対応させるか</u>，という点です。

等差数列ならば $n+1$ 項を単に加えるだけ，等比数列ならば $n+1$ 項を掛け合わせるだけですが，これらの上級問題では，そのやり方を考えなければならないのです。上級レベルのテストでこの数学的帰納法の問題が出されるたびに，今度はどんなひねり方をしているのかを見るのが毎年楽しみにしているくらいです。

では実際の問題を例にとってやってみましょう。

IB 問題

A. m が正の整数であるとき，数学的帰納法を用いて以下の式が成立することを証明せよ。

$$2^{2m} - 3m - 1 = 9 \cdot k \quad ①$$

ここで k は正の整数とする。

証明：

k が正の整数であるから，m は 1 ではなく 2 から始まる（m が 1 だと k はゼロとなってしまうから）
$m = 2$ に対して
$2^{2m} - 3m - 1 \rightarrow 2^4 - 6 - 1 = 9 = 9 \cdot 1$ この場合 $k = 1$
よって ① は成立。

$m = n$ の時 ① が成立すると仮定 ただし $n > 2$

$$2^{2n} - 3n - 1 = 9 \cdot k \quad ②$$

$m = n + 1$ では

$$2^{2n+2} - 3(n+1) - 1 = 2^2(2^{2n} - 3n - 1) + 9n = 2^2(9 \cdot k) + 9 \cdot n$$
$$= 9 \cdot (2^2 k + n) = 9 \cdot p$$

ここで p は 2 よりも大きい正の整数
これより $m = n + 1$ でも①が成立する。したがって $n > 2$ となる全ての正の整数 n に対して①が成立する。

以上により，$m > 2$ となる全ての正の整数 m に対して ① が成立する。

この問題は m が n から $n+1$ に増えた時, $n+1$ の際も n の場合を用いて <u>9 の整数倍となる</u>ことを証明する問題でした。そこがこの問題のポイントです。

B. 数学的帰納法を用いて以下の式が成立することを証明せよ。

$$\left|\frac{d}{dx}\right|^n (\cos x) = \cos(x + n\pi/2) \quad n \text{ は全ての正の整数}$$

〔2001年 上級レベル ペーパー2〕

この問題では n が $n+1$ に増えるということは d/dx でもう一回微分をするということです。その結果を $\cos(\ )$ の形でまとめれば完成です。早速やってみましょう。

証明

$$\left|\frac{d}{dx}\right|^n (\cos x) = \cos(x + n\pi/2) \quad n \text{ は全ての正の整数} \quad \text{①}$$

$n = 1$ に対して

$$\frac{d}{dx}(\cos x) = -\sin x = \cos(x + 1 \cdot \pi/2)$$

よって①は成立。
$n = k$ で①が成立すると仮定する

$$\left|\frac{d}{dx}\right|^k (\cos x) = \cos(x + k\pi/2) \quad \text{②}$$

$n = k + 1$ では

$$\left|\frac{d}{dx}\right|^{k+1}(\cos x) = \frac{d}{dx}\left|\frac{d}{dx}\right|^k(\cos x) = \frac{d}{dx}\cos(x + k\pi/2)$$

$$= -\sin(x + k\pi/2) = \cos(x + k\pi/2 + \pi/2) = \cos(x + (k+1)\pi/2)$$

これより $n = k+1$ でも②は成立する。

したがって，$n=k$で成立すれば$n=k+1$でも成立するから，nが全ての正の整数に対して①が成立することになる。

B. $(A_n) = (1, 1, 2, 3, 5, 8, 13, \ldots\ldots)$という数列$A_n$を考える。

この数列ではnが$n \geq 2$となる全ての正の整数に対して$a_1 = a_2$，$a_{(n+1)} = a_n + a_{(n-1)}$となる。

マトリクスQが以下のように与えられているとき，数学的帰納法を用いて以下の式が成立することを証明せよ。

$$Q = \begin{vmatrix} 1 & 1 \\ 1 & 0 \end{vmatrix}$$

$$Q^n = \begin{vmatrix} a_{n+1} & a_n \\ a_n & a_{n-1} \end{vmatrix} \quad n \text{は} n \geq 2 \text{となる全ての正の整数} \quad ①$$

〔2001年 上級レベル ペーパー2〕

証明

$n = 2$に対して

$$Q^2 = \begin{vmatrix} 1 & 1 \\ 1 & 0 \end{vmatrix} \begin{vmatrix} 1 & 1 \\ 1 & 0 \end{vmatrix} = \begin{vmatrix} 2 & 1 \\ 1 & 1 \end{vmatrix}$$

$$Q^2 = \begin{vmatrix} a_3 & a_2 \\ a_2 & a_1 \end{vmatrix} = \begin{vmatrix} 2 & 1 \\ 1 & 1 \end{vmatrix}$$

よって①は成立する。

$n = k$で①式が成立すると仮定すれば

$$Q^k = \begin{vmatrix} a_{(k+1)} & a_k \\ a_k & a_{(k-1)} \end{vmatrix} \quad k \text{は} k \geq 2 \text{となる全ての正の整数} \quad ②$$

$n = k+1$では

$$Q^{k+1} = \begin{vmatrix} 1 & 1 \\ 1 & 0 \end{vmatrix} \begin{vmatrix} a_{(k+1)} & a_k \\ a_k & a_{(k-1)} \end{vmatrix} = \begin{vmatrix} a_{(k+1)} + a_k & a_k + a_{(k-1)} \\ a_{(k+1)} & a_k \end{vmatrix}$$

$a_{(n+1)} = a_n + a_{(n-1)}$ となることより

$$= \begin{vmatrix} a_{(k+2)} & a_{(k+1)} \\ a_{(k+1)} & a_k \end{vmatrix}$$

これより $n = k+1$ でも成立する

したがって n が $n \geqq 2$ となる全ての正の整数に対して①は成立する。

1-8　行列式

1-8-1　行列式の基本計算

（1）足し算，引き算
行列式どうしの足算，引き算は改めて説明する必要もないくらいに簡単です。
今2つの行列式，A と B があると

$$A = \begin{vmatrix} a_1 & a_2 \\ a_3 & a_4 \end{vmatrix} \overset{第1列\ 2列}{} \quad , \quad B = \begin{vmatrix} b_1 & b_2 \\ b_3 & b_4 \end{vmatrix}$$

$$A + B = \begin{vmatrix} a_1+b_1 & a_2+b_2 \\ a_3+b_3 & a_4+b_4 \end{vmatrix}$$

どうですか，嘘ではなかったでしょう。超簡単です。

（2）スカラー倍
A という行列をあるスカラー倍，例えば3倍してみましょう。

$$3 \times A = 3A = 3\begin{vmatrix} a_1 & a_2 \\ a_3 & a_4 \end{vmatrix} = \begin{vmatrix} 3a_1 & 3a_2 \\ 3a_3 & 3a_4 \end{vmatrix}$$

となります。これも分かりやすいですね。
この逆もできます。例えば

$$A = \begin{vmatrix} 2 & 4 \\ -6 & 8 \end{vmatrix}$$

$$A / 2 = 1/2 \times \begin{vmatrix} 2 & 4 \\ -6 & 8 \end{vmatrix} = 1/2 \times 2\begin{vmatrix} 1 & 2 \\ -3 & 4 \end{vmatrix}$$

と表せるのは，もう分かりますよね。

（3）行列式どうしの掛け算
ではこれから行列式の計算について説明します。
これまで習ってきた計算方法とこの行列式の計算が一番違う点は，交換法則が成り立たないことです。つまり A × B と B × A では計算結果が異なる点です。
何かのっけから訳が分からなくなりそうですが，大丈夫。この後の説明を聞けば必ずわかるようになります。安心して先へ進みましょう。

簡単のために例で示しながら計算のしかたを説明します。
今，2行2列の行列同士，AとBとを掛け合わせます。

$$A = \begin{vmatrix} a_1 & a_2 \\ a_3 & a_4 \end{vmatrix} \quad , \quad B = \begin{vmatrix} b_1 & b_2 \\ b_3 & b_4 \end{vmatrix}$$

$$A \times B = \begin{vmatrix} a_1 & a_2 \\ a_3 & a_4 \end{vmatrix} \begin{vmatrix} b_1 & b_2 \\ b_3 & b_4 \end{vmatrix} = \begin{vmatrix} a_1 b_1 + a_2 b_3 & a_1 b_2 + a_2 b_4 \\ a_3 b_1 + a_4 b_3 & a_3 b_2 + a_4 b_4 \end{vmatrix}$$

と，このように掛け合わせます。今ひとつ分かりにくいですね。
では説明の仕方を変えます。

$$A \times B = \begin{vmatrix} \overline{a_1 \; a_2} \\ \overline{a_3 \; a_4} \end{vmatrix} \begin{vmatrix} b_1 & b_2 \\ b_3 & b_4 \end{vmatrix} = \begin{vmatrix} \cdots & \Box \\ \Box & \Box \end{vmatrix}$$

つまり，最初の行列の横の行と2つ目の行列の縦の列との掛け算で，計算結果が決まります。はじめの行列の上の行 ⟨┄┄⟩ と2番目の行列の2番目の列 □ との掛け算結果は結果の行列の上の行，2番目の列の位置に来るのです。

これでもう完全に理解できたと思います。
計算の方法は2行2列が3行3列になっても変わりません。

それでは次に，行と列の数が一致しない，つまり正方行列でない行列の掛け算をやってみましょう。

$$\begin{vmatrix} a_1 & a_2 & a_3 \\ b_1 & b_2 & b_3 \\ c_1 & c_2 & c_3 \end{vmatrix} \times \begin{vmatrix} A_1 & A_2 \\ B_1 & B_2 \\ C_1 & C_2 \end{vmatrix} = \begin{vmatrix} a_1 A_1 + a_2 B_1 + a_3 c_1 & a_1 A_2 + a_2 B_2 + a_3 C_2 \\ b_1 a_1 + b_2 B_1 + b_3 c_1 & b_1 A_2 + b_2 B_2 + b_3 C_2 \\ c_1 A_1 + c_2 B_1 + c_3 c_1 & c_1 A_2 + c_2 B_2 + c_3 C_2 \end{vmatrix}$$

と，このようになります。
では次に行列の掛け合わせる順番を変えて計算をしてみましょう。

$$\begin{vmatrix} A_1 & A_2 \\ B_1 & B_2 \\ C_1 & C_2 \end{vmatrix} \times \begin{vmatrix} a_1 & a_2 & a_3 \\ b_1 & b_2 & b_3 \\ c_1 & c_2 & c_3 \end{vmatrix} = \begin{vmatrix} A_1 a_1 + A_2 b_1 + ?c_1 & A_1 a_2 + A_2 b_2 + ?c_2 \\ & \\ & \end{vmatrix}$$

なにやらおかしな具合です。そうです，掛け合わせる相手方が見つからないのです。
ここで大切なことが分かります。行列式を掛け合わせる場合，最初の行列の行数と次の

行列の列数は常に一致していないと掛け算ができないのです。

この場合，最初の行列の列数と，次に行列の行数とは違っていても構いません。

どうしてか，それは皆さんが自分で考えてみてください。何でもかんでも黙って簡単に教えてもらえるほど，世の中は甘くはありません(笑)。

もうひとつ，先にやった A × B の掛け算を今度は順番を変えてやってみましょう。

$$B \times A = \begin{vmatrix} b_1 & b_2 \\ b_3 & b_4 \end{vmatrix} \begin{vmatrix} a_1 & a_2 \\ a_3 & a_4 \end{vmatrix} = \begin{vmatrix} b_1 a_1 + b_2 a_3 & b_1 a_2 + b_2 a_4 \\ b_3 a_1 + b_4 a_3 & b_3 a_2 + b_4 a_4 \end{vmatrix} \quad (2)$$

どうですか。先ほどやった A × B の結果と比べてください。明らかに結果は違っていることが分かります。

これはとても大切なことです。つまり，行列式どうしの掛算では掛ける順番が違うと結果も違ってくるのです。

A × B (1) ≠ B × A (2)

です。今までの常識がここで覆されることになりました。

では，行列式の計算が本当に分かったかどうかの練習問題を出します。

問題 1 以下に示す 3 つの行列 A, B, C のそれぞれの掛け算をしなさい。

$$A = \begin{vmatrix} 1 & 2 & 4 \\ -1 & -2 & 2 \\ 2 & -3 & -1 \end{vmatrix} \quad B = \begin{vmatrix} 2 & 3 \\ 3 & 1 \\ -1 & 5 \end{vmatrix} \quad C = \begin{vmatrix} 2 & 3 & 3 \\ -1 & -2 & 2 \end{vmatrix}$$

(1)　A + 2B − 3C
(2)　A × B × C
(3)　C × B
(4)　A × (B × C)
(5)　(A × B) × C

(4) 行列自体の値計算

行列自体はスカラー量ですから，ある決まった値を持っています。

今，行列 A の値を │A│ で表すと，│A│ は以下の値となります。

$$A = \begin{vmatrix} a_1 & a_2 & a_3 \\ b_1 & b_2 & b_3 \\ c_1 & c_2 & c_3 \end{vmatrix}$$

$$|A| = a_1 b_2 c_3 + a_2 b_3 c_1 + a_3 c_2 b_1 - (a_3 b_2 c_1 + b_3 c_2 a_1 + c_3 a_2 b_1)$$

$$A = \begin{vmatrix} a_1 & a_2 & a_3 \\ b_1 & b_2 & b_3 \\ c_1 & c_2 & c_3 \end{vmatrix}$$

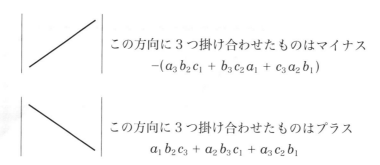

この方向に3つ掛け合わせたものはマイナス
$-(a_3 b_2 c_1 + b_3 c_2 a_1 + c_3 a_2 b_1)$

この方向に3つ掛け合わせたものはプラス
$a_1 b_2 c_3 + a_2 b_3 c_1 + a_3 c_2 b_1$

として計算します。つまりアルファ（α）の字形の逆、逆アルファと覚えていれば良いでしょう。

問題2 以下の行列の値を求めなさい。

(1) $\begin{vmatrix} 1 & 3 & 5 \\ -2 & 3 & -1 \\ 0 & 2 & 1 \end{vmatrix}$ (2) $\begin{vmatrix} -1 & 2 & 3 \\ 2 & 4 & 5 \\ -3 & -1 & 2 \end{vmatrix}$

(5) 部分行列の計算

次数が大きい行列（行と列の数が大きい行列）の値計算は面倒ですね。でも大丈夫、次数が大きい行列は小さな行列に分解して計算ができます。それをこれから説明しましょう。

$$A = \begin{vmatrix} a_1 & a_2 & a_3 & a_4 & a_5 & a_6 \\ b_1 & b_2 & b_3 & b_4 & b_5 & b_6 \\ c_1 & c_2 & c_3 & c_4 & c_5 & c_6 \\ d_1 & d_2 & d_3 & d_4 & d_5 & d_6 \\ e_1 & e_2 & e_3 & e_4 & e_5 & e_6 \\ f_1 & f_2 & f_3 & f_4 & f_5 & f_6 \end{vmatrix}$$

$$= a_1 \begin{vmatrix} b_2 & b_3 & b_4 & b_5 & b_6 \\ c_2 & c_3 & c_4 & c_5 & c_6 \\ d_2 & d_3 & d_4 & d_5 & d_6 \\ e_2 & e_3 & e_4 & e_5 & e_6 \\ f_2 & f_3 & f_4 & f_5 & f_6 \end{vmatrix} - a_2 \begin{vmatrix} b_1 & b_3 & b_4 & b_5 & b_6 \\ c_1 & c_3 & c_4 & c_5 & c_6 \\ d_1 & d_3 & d_4 & d_5 & d_6 \\ e_1 & e_3 & e_4 & e_5 & e_6 \\ f_1 & f_3 & f_4 & f_5 & f_6 \end{vmatrix}$$

$$+ a_3 \begin{vmatrix} b_1 & b_2 & b_4 & b_5 & b_6 \\ c_1 & c_2 & c_4 & c_5 & c_6 \\ d_1 & d_2 & d_4 & d_5 & d_6 \\ e_1 & e_2 & e_4 & e_5 & e_6 \\ f_1 & f_2 & f_4 & f_5 & f_6 \end{vmatrix} - a_4 \begin{vmatrix} b_1 & b_2 & b_3 & b_5 & b_6 \\ c_1 & c_2 & c_3 & c_5 & c_6 \\ d_1 & d_2 & d_3 & d_5 & d_6 \\ e_1 & e_2 & e_3 & e_5 & e_6 \\ f_1 & f_2 & f_3 & f_5 & f_6 \end{vmatrix}$$

$$+ a_5 \begin{vmatrix} b_1 & b_2 & b_3 & b_4 & b_6 \\ c_1 & c_2 & c_3 & c_4 & c_6 \\ d_1 & d_2 & d_3 & d_4 & d_6 \\ e_1 & e_2 & e_3 & e_4 & e_6 \\ f_1 & f_2 & f_3 & f_4 & f_6 \end{vmatrix} - a_6 \begin{vmatrix} b_1 & b_2 & b_3 & b_4 & b_5 \\ c_1 & c_2 & c_3 & c_4 & c_5 \\ d_1 & d_2 & d_3 & d_4 & d_5 \\ e_1 & e_2 & e_3 & e_4 & e_5 \\ f_1 & f_2 & f_3 & f_4 & f_5 \end{vmatrix}$$

規則としては，行の外に囲いだした要素を含む行と列とを除いた行列を作ります。例えば，a_2 を除外すれば、a_1-a_6 までの行（ ┈┈ で囲った部分）と a_2-f_2 までの列（ ☐ で囲った部分）を除いた行列となります。

$$a_2 \begin{vmatrix} a_1 & a_2 & a_3 & a_4 & a_5 & a_6 \\ b_1 & b_2 & b_3 & b_4 & b_5 & b_6 \\ c_1 & c_2 & c_3 & c_4 & c_5 & c_6 \\ d_1 & d_2 & d_3 & d_4 & d_5 & d_6 \\ e_1 & e_2 & e_3 & e_4 & e_5 & e_6 \\ f_1 & f_2 & f_3 & f_4 & f_5 & f_6 \end{vmatrix} \rightarrow a_2 \begin{vmatrix} b_1 & b_3 & b_4 & b_5 & b_6 \\ c_1 & c_3 & c_4 & c_5 & c_6 \\ d_1 & d_3 & d_4 & d_5 & d_6 \\ e_1 & e_3 & e_4 & e_5 & e_6 \\ f_1 & f_3 & f_4 & f_5 & f_6 \end{vmatrix}$$

$$a_2 \begin{vmatrix} b_1 & b_3 & b_4 & b_5 & b_6 \\ c_1 & c_3 & c_4 & c_5 & c_6 \\ d_1 & d_3 & d_4 & d_5 & d_6 \\ e_1 & e_3 & e_4 & e_5 & e_6 \\ f_1 & f_3 & f_4 & f_5 & f_6 \end{vmatrix}$$

もう一つ，行列の外へ括りだす要素の位置が，1 から奇数個離れていれば符合にマイナス，偶数個ならばプラスとします。つまり符号は $a_1 a_3 a_5 \cdots$ が正，$a_2 a_4 a_6 \cdots$ が負となります。

1-8-2 さまざまな行列式

行列にはその特徴から色々な名称が付けられていますが，ここでは以下の3つを覚えておけば十分でしょう。
（1）単位行列
（2）逆行列
（3）転置行列
では，早速それぞれについて説明しましょう。

（1）単位行列
ある n 次の行列が在り，その対角要素が全て1，それ以外が全て0の行列を n 次の単位行列といいます。つまり，次のような行列で，普通 E を使って表します。

$$E = \begin{vmatrix} 1 & 0 & 0 & 0 & 0 \\ 0 & 1 & 0 & 0 & 0 \\ 0 & 0 & 1 & 0 & 0 \\ 0 & 0 & 0 & 1 & 0 \\ 0 & 0 & 0 & 0 & 1 \end{vmatrix}$$

Eの性質，特徴はどんなものでしょうか。一番重要な性質は次の関係です。

$A \times E = A = E \times A$

これが成り立つのは分かりますね？………… 分かってほしいですヨ！

（2）逆行列
逆行列というのは，ある行列にその行列を掛けると，結果が単位行列となる行列のことです。
ある行列を A，その逆行列を A^{-1} として表すと
$A \times A^{-1} = E = A^{-1} \times A$

これを行列の成分表示を使って表すと，次のようになります。
今行列 A が次の成分を持つとき，その逆行列 A^{-1} は以下の式で表されます。

$$A = \begin{vmatrix} a & b \\ c & d \end{vmatrix} \rightarrow A^{-1} = 1/(ad-bc) \begin{vmatrix} d & -b \\ -c & a \end{vmatrix}$$

ではここで問題です。

問題 1

行列Aが上のように与えられた時，その逆行列 A^{-1} が上の式で表されることを示しなさい。ただし，Aの絶対値はゼロでないとします。

$$|A| = ad - bc \neq 0$$

ヒント (Special only for you !)

Aの逆行列 A^{-1} の成分を $\begin{vmatrix} e & f \\ g & h \end{vmatrix}$ として $A \cdot A^{-1}$ を計算して $\begin{vmatrix} 1 & 0 \\ 0 & 1 \end{vmatrix}$ となるような e, f, g, h の値を求めてみましょう。

$$\begin{vmatrix} a & b \\ c & d \end{vmatrix} \times \begin{vmatrix} e & f \\ g & h \end{vmatrix} = \begin{vmatrix} 1 & 0 \\ 0 & 1 \end{vmatrix}$$

逆行列についてもう少し。

行列には逆行列が存在する行列と存在しない行列の2つのタイプがあります。

いきなりそんな事を言われても困りますが，大した問題ではありません。先に行列Aの逆行列を求める際に，$|A| \neq 0$ という条件を付けましたね。そうなんです！$|A| \neq 0$ ならば逆行列が存在して，$|A| = 0$ ならば存在しない。要するにそれだけなんです。

では早速問題をやってみましょう。

問題 2

次の行列には逆行列があるか。あればその逆行列を求めよ。

（1）$A = \begin{vmatrix} 1 & 2 \\ -1 & 3 \end{vmatrix}$ （2）$A = \begin{vmatrix} -2 & 1 \\ -4 & 2 \end{vmatrix}$ （3）$A = \begin{vmatrix} \sin\beta & \cos\beta \\ -\cos\beta & \sin\beta \end{vmatrix}$

問題 3

以下の式が成り立つことを証明せよ。ただし A^{-1} は A の逆行列とする。

（1）$(A^{-1})^{-1} = A$ （2）$(AB)^{-1} = B^{-1} \cdot A^{-1}$

解

(1) A^{-1} を右から掛けると
左辺 $(A^{-1})^{-1} \cdot A^{-1} = E$
右辺 $A \cdot A^{-1} = E$

(2) 同様に AB を右から掛けて

左辺：$(AB)^{-1} \cdot AB = E$
右辺：$B^{-1} \cdot A^{-1} \cdot AB = B^{-1} \cdot E \cdot B = B^{-1} \cdot B = E$

(3) 転置行列

ある行列の行成分と列成分とを入れ替えてできる行列，それを転置行列と呼びます。つまり，以下の成分で示される行列 A の転置行列を普通 A^T で表します。

$$A = \begin{vmatrix} a_1 & a_2 & a_3 \\ a_4 & a_5 & a_6 \\ a_7 & a_8 & a_9 \end{vmatrix} \qquad A^T = \begin{vmatrix} a_1 & a_2 & a_3 \\ a_4 & a_5 & a_6 \\ a_7 & a_8 & a_9 \end{vmatrix}$$

ところで転置行列を表すのに T を肩に付けますが，これは TENCHI の T ではなく，転置行列の英訳 Transposed Matrix の T です。間違えないようにしてください。

それでは転置行列には一体どのような性質，特徴があるのでしょうか。それを次の問題を解きながら考えていきましょう。

問題 4

転置行列の加算，乗算では次の式が成り立つことを言いなさい。
(1) $(A+B)^T = A^T + B^T$
(2) $(A \cdot B)^T = B^T \cdot A^T$

これは行列の成分を具体的に入れて左辺，右辺を計算すると分かります。

解

$$A = \begin{vmatrix} a_1 & a_2 \\ a_3 & a_4 \end{vmatrix} \qquad B = \begin{vmatrix} b_1 & b_2 \\ b_3 & b_4 \end{vmatrix} \quad \text{と置けば,}$$

(1) $(A+B)^T = \begin{vmatrix} a_1+b_1 & a_2+b_2 \\ a_3+b_3 & a_4+b_4 \end{vmatrix}^T = \begin{vmatrix} a_1+b_1 & a_3+b_3 \\ a_2+b_2 & a_4+b_4 \end{vmatrix}$

$A^T + B^T = \begin{vmatrix} a_1 & a_3 \\ a_2 & a_4 \end{vmatrix} + \begin{vmatrix} b_1 & b_3 \\ b_2 & b_4 \end{vmatrix} = \begin{vmatrix} a_1+b_1 & a_3+b_3 \\ a_2+b_2 & a_4+b_4 \end{vmatrix}$

（2） $(A + B)^T = \begin{vmatrix} a_1b_1 + a_2b_3 & a_1b_2 + a_2b_4 \\ a_3b_1 + a_4b_3 & a_3b_2 + a_4b_4 \end{vmatrix}^T = \begin{vmatrix} a_1b_1 + a_2b_3 & a_3b_1 + a_4b_3 \\ a_1b_2 + a_2b_4 & a_3b_2 + a_4b_4 \end{vmatrix}$

$B^T + A^T = \begin{vmatrix} b_1 & b_3 \\ b_2 & b_4 \end{vmatrix} + \begin{vmatrix} a_1 & a_3 \\ a_2 & a_4 \end{vmatrix} = \begin{vmatrix} b_1a_1 + b_3a_2 & b_1a_3 + b_3a_4 \\ b_2a_1 + b_4a_2 & b_2a_3 + b_4a_4 \end{vmatrix}$

$= \begin{vmatrix} a_1b_1 + a_2b_3 & a_3b_1 + a_4b_3 \\ a_1b_2 + a_4b_4 & a_3b_2 + a_4b_4 \end{vmatrix} = (A \cdot B)^T$

IB 問題

数学的帰納法を使って以下の式が成立することを証明せよ。

$\begin{vmatrix} 2 & 1 \\ 0 & 1 \end{vmatrix}^n = \begin{vmatrix} 2^n & 2^n-1 \\ 0 & 1 \end{vmatrix}$ n は全ての正の整数

さらに n が -1 のときこの式が成立するかどうかも判定しなさい。

〔2002年 上級レベル ペーパー2〕

解
$n = 1$ の時

$= \begin{vmatrix} 2 & 1 \\ 0 & 1 \end{vmatrix}^1 = \begin{vmatrix} 2 & 1 \\ 0 & 1 \end{vmatrix} = \begin{vmatrix} 2^1 & 2^1-1 \\ 0 & 1 \end{vmatrix}$

これより $n = 1$ で成立。

$n = k$ に対して成立すると仮定，ここで k は任意の正の整数

$\begin{vmatrix} 2 & 1 \\ 0 & 1 \end{vmatrix}^k = \begin{vmatrix} 2^k & 2^k-1 \\ 0 & 1 \end{vmatrix}$ ①

$n = k + 1$ では

$\begin{vmatrix} 2 & 1 \\ 0 & 1 \end{vmatrix}^{(k+1)} = \begin{vmatrix} 2 & 1 \\ 0 & 1 \end{vmatrix}^k \begin{vmatrix} 2 & 1 \\ 0 & 1 \end{vmatrix} = \begin{vmatrix} 2^k & 2^k-1 \\ 0 & 1 \end{vmatrix} \begin{vmatrix} 2 & 1 \\ 0 & 1 \end{vmatrix}$

$= \begin{vmatrix} 2^{k+1} & 2^k + 2^k - 1 \\ 0 & 1 \end{vmatrix} = \begin{vmatrix} 2^{k+1} & 2^{k+1}-1 \\ 0 & 1 \end{vmatrix}$

となって $n = k+1$ でも成立する。

したがって問題で与えられた式は全ての正の整数 n に対して成立する。 証明終わり。

$n = -1$ の場合を考える。

$A = \begin{vmatrix} 2 & 1 \\ 0 & 1 \end{vmatrix}$ であれば $A^{-1} = \begin{vmatrix} 1/2 & -1/2 \\ 0 & 1 \end{vmatrix}$

式に $n = -1$ を代入すると

$n = -1 \rightarrow \begin{vmatrix} 2^{-1} & 2^{-1}-1 \\ 0 & 1 \end{vmatrix} = \begin{vmatrix} 1/2 & -1/2 \\ 0 & 1 \end{vmatrix} = A^{-1}$

これより問題で与えられた式は $n = -1$ に対しても成立する。

1-8-3 行列式を使った基本応用計算

（1）行列式を使った連立方程式の解法

行列式を使うと連立方程式が簡単に解けます。その方法をこれから勉強しましょう。今，簡単のため x, y の連立方程式を考えます。

$x + 2y = 3$
$- x + y = -1$

この関係は行列式を使うと

$\begin{vmatrix} 1 & 2 \\ -1 & 1 \end{vmatrix} \begin{vmatrix} x \\ y \end{vmatrix} = \begin{vmatrix} 3 \\ -1 \end{vmatrix}$

と書き表せます。いまここで

$A = \begin{vmatrix} 1 & 2 \\ -1 & 1 \end{vmatrix}$ として $Z \times A = 1$ となる A の逆行列 Z を考えます。

そうすると上の式の両辺にそれぞれこの逆行列 Z を左側から掛け合わせて

$Z \begin{vmatrix} 1 & 2 \\ -1 & 1 \end{vmatrix} \begin{vmatrix} x \\ y \end{vmatrix} = Z \begin{vmatrix} 3 \\ -1 \end{vmatrix}$

ここで Z は A の逆行列ですから $Z \times A = 1$ となるので，

$$\begin{vmatrix} 1 & 0 \\ 0 & 1 \end{vmatrix} \begin{vmatrix} x \\ y \end{vmatrix} = Z \begin{vmatrix} 3 \\ -1 \end{vmatrix}$$

つまり

$$\begin{vmatrix} x \\ y \end{vmatrix} = Z \begin{vmatrix} 3 \\ -1 \end{vmatrix}$$

Aの逆行列Zは以下の公式を使って

$$A = \begin{vmatrix} a & b \\ c & d \end{vmatrix} \to A^{-1} = 1/(ad - bc) \begin{vmatrix} d & -b \\ -c & a \end{vmatrix}$$

$$Z = 1/3 \begin{vmatrix} 1 & -2 \\ 1 & 1 \end{vmatrix} \quad \text{となることより,}$$

$$\begin{vmatrix} x \\ y \end{vmatrix} = 1/3 \begin{vmatrix} 1 & -2 \\ 1 & 1 \end{vmatrix} \begin{vmatrix} 3 \\ -1 \end{vmatrix} = \begin{vmatrix} 5/3 \\ 2/3 \end{vmatrix}$$

結局 $x = 5/3$, $y = 2/3$ となり，こうして連立方程式が行列式を使って解けました。

問題1

連立方程式
  $2x + y = 4$
  $-x + 2y = 3$
の解を，行列式を用いて求めなさい。

→ 超簡単ですね ("+")

解

この関係は行列式を使うと

$$\begin{vmatrix} 2 & 1 \\ -1 & 2 \end{vmatrix} \begin{vmatrix} x \\ y \end{vmatrix} = \begin{vmatrix} 4 \\ 3 \end{vmatrix}$$

$A = \begin{vmatrix} 2 & 1 \\ -1 & 2 \end{vmatrix}$ として Z × A = 1 となる A の逆行列 Z を考えます。

そうすると上の式の両辺にそれぞれこの逆行列 Z を<u>左側から</u>掛け合わせて

$$Z \begin{vmatrix} 2 & 1 \\ -1 & 2 \end{vmatrix} \begin{vmatrix} x \\ y \end{vmatrix} = Z \begin{vmatrix} 4 \\ 3 \end{vmatrix}$$

ここでZはAの逆行列でZ×A＝1となるので、

$$\begin{vmatrix} 1 & 0 \\ 0 & 1 \end{vmatrix} \begin{vmatrix} x \\ y \end{vmatrix} = Z \begin{vmatrix} 4 \\ 3 \end{vmatrix}$$

$$Z = 1/(4-(-1)) \begin{vmatrix} 2 & -1 \\ 1 & 2 \end{vmatrix}$$ となることより,

$$\begin{vmatrix} x \\ y \end{vmatrix} = 1/(4-(-1)) \begin{vmatrix} 2 & -1 \\ 1 & 2 \end{vmatrix} \begin{vmatrix} 4 \\ 3 \end{vmatrix}$$

$$= 1/5 \begin{vmatrix} 8-3 \\ 4+6 \end{vmatrix} = 1/5 \begin{vmatrix} 5 \\ 10 \end{vmatrix} = \begin{vmatrix} 1 \\ 2 \end{vmatrix}$$

よって $x = 1$, $y = 2$

　この程度ならばわざわざ行列式を使わなくとも普通に連立方程式を解くほうがはるかに簡単です。しかし，このコンセプトは未知数が $x, y, z, , , , ,$ と10個，20個になってもこのように機械的に解けるというメリットがあります。 そうです，未知数の数が膨大となっても電脳ならばいとも簡単に解けるパターンの問題なのです。それが連立方程式を行列式で解くメリットなのです。

○逆行列を求めるもう一つの方法，掃き出し法 (これまた最高に楽しいやり方！)

　未知数が2つ，つまり2元の行列の逆行列は，公式を使えばすぐに作れますが，それでは3元，4元，さらにもっと未知数が増えたらどうでしょうか。 掛けたら単位行列になるとして，連立方程式を立てていちいち解いていたら日が暮れてしまいます。
　では，せっかく連立方程式を解く簡単な方法を見つけたのに，2元の単純な方程式にしか使えないのでしょうか。 がっかりしないで下さい。大丈夫です。未知数がいくらでも増えてもその行列に対しても逆行列を求める方法，つまりその連立方程式を解く方法があるのです。
　その方法，掃き出し法，あるいは消去法をこれから説明します。理解を簡単とするためにはじめは3次の行列でやってみましょう。

$$x - 2y - z = 1$$
$$-x + 2y + 2z = 2$$
$$x - 3y = 5$$

の連立方程式を解きます。

$$
\begin{array}{ccc|cl}
1 & -2 & -1 & 1 & ① \\
-1 & 2 & 2 & 2 & ② \\
1 & -3 & 0 & 5 & ③ \\
\hline
1 & -2 & -1 & 1 & ① \\
0 & 0 & 1 & 3 & ④ = ② + ① \\
0 & -1 & 1 & 4 & ⑤ = ③ + (-1) \times ① \\
\hline
1 & -2 & -1 & 1 & ① \\
0 & -1 & 1 & 4 & ⑤ \\
0 & 0 & 1 & 3 & ④ \\
\hline
1 & -2 & -1 & 1 & ① \\
0 & 1 & -1 & -4 & ⑥ = (-1) \times ⑤ \\
0 & 0 & 1 & 3 & ④ \\
\hline
1 & -2 & 0 & 4 & ⑦ = ① + ④ \\
0 & 1 & 0 & -1 & ⑧ = ⑥ + ④ \\
0 & 0 & 1 & 3 & ④ \\
\hline
1 & 0 & 0 & 2 & ⑨ = ⑦ + 2 \times ⑧ \\
0 & 1 & 0 & -1 & ⑧ \\
0 & 0 & 1 & 3 & ④ \\
\end{array}
$$

$$
\begin{vmatrix} 1 & 0 & 0 \\ 0 & 1 & 0 \\ 0 & 0 & 1 \end{vmatrix} \begin{vmatrix} x \\ y \\ z \end{vmatrix} = \begin{vmatrix} 2 \\ -1 \\ 3 \end{vmatrix}
$$

以上により, $x = 2$, $y = -1$, $z = 3$ が求まりました。

掃き出し法で使える技の一覧

1) 一つの行の全ての要素に0でない数を掛けあわせる
2) 一つの行の全ての要素に, 他の行の要素をX倍したものを加える
3) 2つの行を互いに入れ替える

以上が使えます。上の例ではどの技を使ったか, 一つ一つ当てはめてみましょう。

問題 2

行列 A $\begin{vmatrix} 2 & -1 \\ 1 & -3 \end{vmatrix}$ の逆行列を掃き出し法で求めなさい。

A		A^{-1}		
2	−1	1	0	①
1	−3	0	1	②
2	1	1	0	
0	−5	−1	2	③ = 2 × ② + (−1) × ①
1	0	a	b	
0	1	c	d	

途中の空白を埋めて a, b, c, d の値を求めなさい。

解

A		A^{-1}		
2	−1	1	0	①
1	−3	0	1	②
2	1	1	0	
0	−5	−1	2	③ = 2 × ② + (−1) × ①
2	0	6/5	−2/5	④ = ① + (−1/5) × ③
0	−5	−1	2	
1	0	3/5	−1/5	⑤ = ④/2
0	1	1/5	−2/5	⑥ = −③/5
1	0	a	b	
0	1	c	d	

$a = 3/5, \ b = -1/5, \ c = 1/5, \ d = -2/5$

試しに検算をしてみましょう。

$$\begin{vmatrix} 2 & -1 \\ 1 & -3 \end{vmatrix} \begin{vmatrix} 3/5 & -1/5 \\ 1/5 & -2/5 \end{vmatrix} = \begin{vmatrix} 6/5-1/5 & -2/5+2/5 \\ 3/5-3/5 & -1/5+6/5 \end{vmatrix} = \begin{vmatrix} 1 & 0 \\ 0 & 1 \end{vmatrix}$$

確かに逆行列となっています。

1-8-4　行列式を使った座標変換

座標を変換するということはすでにいくつかのケースを学んだはずです。例えば，A_0 (x, y) 点を例に取り，x の符号を逆にした点 $A_1 (-x, y)$ を考えると，これは元の点 A に対して Y 軸を挟んで対象の位置に来る点となります。

次に，y の符号だけを逆にした点を $A_2(x, -y)$ はどうなるかといえば，これは X 軸に対して A_0 と対象の位置に来る点であることが分かります。

同じようにして，今度は x, y 共に逆符号にした点を A_3 とすれば，これは原点に関して対称な点となります。これらの基本的な座標変換はずっと前に習って分かっているはずです。

```
            Y
・点 A₁(-x, y)  │ ・点 A₀(x, y)
──────────────┼──────────────  X
・点 A₃(-x, -y) │ ・点 A₂(x, -y)
            │
```

ではせっかく勉強したのですからこれらの座標変換を，マトリクス（行列式）を使って表してみましょう。変換前の座標を (x, y)，変換後の座標を (x', y')，座標変換マトリクスを M（この場合は 2 行 2 列）とすると，この座標変換は，

$$\begin{vmatrix} x' \\ y' \end{vmatrix} = M \begin{vmatrix} x \\ y \end{vmatrix} = \begin{vmatrix} a & b \\ c & d \end{vmatrix} \begin{vmatrix} x \\ y \end{vmatrix} = \begin{vmatrix} ax + by \\ cx + dy \end{vmatrix}$$

と表されます。

ではこれを初めに書いた Y 軸対象に折り返す座標変換 A_1 に当てはめると M_1 はどんな行列式となるのでしょうか。

$x' = -x = ax + by$,
$y' = y = cx + dy$

となりますから，$a = -1, b = 0, c = 0, d = 1$ となります。したがってこの場合の行列式 M_1 は

$$M_1 = \begin{vmatrix} -1 & 0 \\ 0 & 1 \end{vmatrix}$$

となることが分かるはずです。

それでは A_0 を A_2 に変換する M_2，そして A_3 に変換する M_3 はどのような行列式になるか考えてみてください。

A_2 では $x' = ax + by = x, y' = cx + dy = -y$

となりますから，$a = 1, b = 0, c = 0, d = -1$ となるはずです。

したがって，

$$M_2 = \begin{vmatrix} 1 & 0 \\ 0 & -1 \end{vmatrix}$$

同様にして、

$$M_3 = \begin{vmatrix} -1 & 0 \\ 0 & -1 \end{vmatrix}$$

が求められ，こうしてある点を Y 軸，X 軸，原点のそれぞれに対して対象となる点の位置を求めるための座標変換マトリクス（行列式）が求められたことになります。

次にもう少し難しい座標変換に挑戦してみましょう。

今度は X, Y の座標軸を $+\theta$ だけ回転したときに，元の座標系での点の位置 (x, y) が新しい座標系ではどのように表されるかを考えてみましょう。

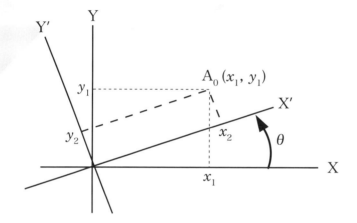

今度は結論から先に述べましょう。この場合の座標変換マトリクス MR は

$$MR = \begin{vmatrix} \cos\theta & \sin\theta \\ -\sin\theta & \cos\theta \end{vmatrix}$$

となります。

ではなぜそうなるのかをこれから証明します。

今，回転後の新しい x 座標 (x_2) が回転前の旧座標 (x, y) と θ によりどのように表されるかを考えます。

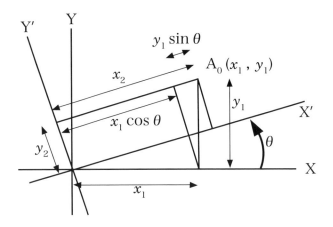

上の図から

$x_2 = x_1 \cos\theta + y_1 \cos(90°-\theta) = x_1\cos\theta + y_1\sin\theta$

では今度は Y 座標を考えましょう。

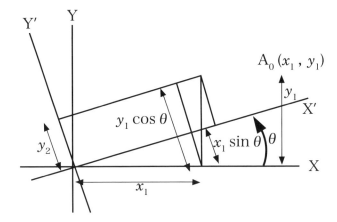

図から

$y_2 = -x_1 \sin\theta + y_1 \cos\theta$

となるのが分かります。

これで座標回転のマトリクス MR が求まりました。

$$\mathrm{MR} = \begin{vmatrix} \cos\theta & \sin\theta \\ -\sin\theta & \cos\theta \end{vmatrix}$$

ここでもう一つ注意してみてください。この座標回転マトリクスですが x 軸と x' 軸とが成す余弦（cos）を (x, x') と x' 軸と y' 軸との余弦を (x', y) と表記すれば上のマトリクスは次のように書き換えられます。

$$MR = \begin{vmatrix} \cos\theta & \sin\theta \\ -\sin\theta & \cos\theta \end{vmatrix} = \begin{vmatrix} \cos\theta & \cos(\theta-90) \\ \cos(\theta-90) & \cos\theta \end{vmatrix} = \begin{vmatrix} (x',x) & (x',y) \\ (y',x) & (y',y) \end{vmatrix}$$

これならばロジックが明確ですからこのまま覚えてしまうこともできます。もっとも覚える必要は IB では全くありませんが。

IB 問題

マトリクス I, O, D を以下のように定義する。

$$I = \begin{vmatrix} 1 & 0 \\ 0 & 1 \end{vmatrix} \qquad O = \begin{vmatrix} 0 & 0 \\ 0 & 0 \end{vmatrix} \qquad D = \begin{vmatrix} p & 0 \\ 0 & q \end{vmatrix} \qquad \text{ここで} p, q \text{はともに実数}$$

またマトリクス M を以下とする。

$$M = \begin{vmatrix} 3 & 5 \\ 1 & 2 \end{vmatrix}$$

問 (a) det M を計算し，それから M^{-1} を求めよ。
ここで det M とは逆行列を求める際に計算する $ad-bc$ の値を意味する。

マトリクス B を以下のように定める

$$B = \begin{vmatrix} 7 & 10 \\ -3 & -4 \end{vmatrix}$$

問 (b) マトリクス D は $M^{-1}DM = B$ を充たすことを示せ。
問 (c) マトリクス B は次の方程式を充たすことを示せ。$(B-pI)(B-qI) = 0$
問 (d) それを使うか，あるいは別の方法で $B^{-1} = (3I-B)/2$ となることを示せ。

〔1997 年 一般レベル ペーパー 2〕

解
(a) det M = 3 × (2) − 5 × 1 = 6 − 5 = 1

$$M^{-1} = 1/1 \begin{vmatrix} 2 & -5 \\ -1 & 3 \end{vmatrix}$$

(b) $M^{-1}DM = B$ を証明する。

$M \underline{M^{-1}DM} M^{-1} = D$

$M \underline{B} M^{-1} = \begin{vmatrix} 3 & 5 \\ 1 & 2 \end{vmatrix} \begin{vmatrix} 7 & 10 \\ -3 & -4 \end{vmatrix} \begin{vmatrix} 2 & -5 \\ -1 & 3 \end{vmatrix}$

$= \begin{vmatrix} 6 & 10 \\ 1 & 2 \end{vmatrix} \begin{vmatrix} 2 & -5 \\ -1 & 3 \end{vmatrix} = \begin{vmatrix} 2 & 0 \\ 0 & 1 \end{vmatrix} = \begin{vmatrix} p & 0 \\ 0 & q \end{vmatrix}$

$p = 2 \quad q = 1$

(c) $(B - pI)(B - qI) = 0$ を証明する。

$B - pI = \begin{vmatrix} 7 & 10 \\ -3 & -4 \end{vmatrix} - \begin{vmatrix} 2 & 0 \\ 0 & 2 \end{vmatrix} = \begin{vmatrix} 5 & 10 \\ -3 & -6 \end{vmatrix}$

$B - qI = \begin{vmatrix} 7 & 10 \\ -3 & -4 \end{vmatrix} - \begin{vmatrix} 1 & 0 \\ 0 & 1 \end{vmatrix} = \begin{vmatrix} 6 & 10 \\ -3 & -5 \end{vmatrix}$

したがって

$(B - pI)(B - qI) = \begin{vmatrix} 5 & 10 \\ -3 & -6 \end{vmatrix} \begin{vmatrix} 6 & 10 \\ -3 & -5 \end{vmatrix} = \begin{vmatrix} 30 - 30 & 50 - 50 \\ -18 + 18 & -30 + 30 \end{vmatrix} = \begin{vmatrix} 0 & 0 \\ 0 & 0 \end{vmatrix}$

$= 0$

(d) (c) で証明済みの $(B-pI)(B-qI) = 0$ を利用する。

$(B-2I)(B-I) = B^2 - 3B + 2I = B^2 - 3B + 2 = B^2 - 3B + 2BB^{-1} = 0$

移項して

$-2BB^{-1} = B^2 - 3B$

$-2B^{-1} = (B^2 - 3B)/B = B - 3 = B - 3I$

よって

$B^{-1} = (3I - B)/2$

1-9 繰り返し演算

　繰り返し演算とは，方程式を解くのではなく，何度も演算を繰り返して近似値を求める方法です。試験に電脳（計算機）の使用を認めない日本では出題される事はほとんどないのですが，電脳の使用が当たり前になっている欧米では，IB試験などでしばしば出題される問題です。

　方程式をきちんと解かずに，電脳の威力で一気に計算して近似値を出してしまうところが，日本では受け入れられない理由でしょう。しかし実際に役に立つ方法であり，特に電脳社会となってからは，むしろこの方法のほうが方程式を解くやり方として実際に多く使われている，と言えるくらいです。

　ですから，遅れた日本の科挙数学教育など気にせずに，積極的にこの方法をマスターしておきましょう。

繰り返し演算の2つの方法
　近似値演算を繰り返して解を求めるコンセプトは同じなのですが，方法が異なる2つのやり方があります。
 1．ニュウトン法
 2．ぐるぐる魔方陣法（これは正式な名称ではありません，私の勝手な呼び方ですから公式の場で使うと他の人達から笑われてしまいます。）

○ニュウトン法
　では，早速ニュウトン法からやりましょう。

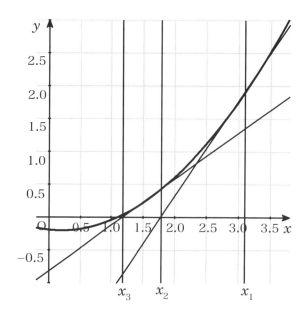

$Y = F(x)$ という関数を考え，$y = 0$ となる x の値を X として，この X を繰り返し近似計算で求めます。

① 最初にある適当な点 x_1 を取ります。
② 次に $F(x_1)$ と $F'(x_1)$ とを求めます
③ さらに，点 $(x_1, F(x_1))$ から接線を引き，それが x 軸と交わる時の x の値を x_2 とします。

そうすると，右の3角形からも分かるように，

$$\frac{F(x_1)}{x_1 - x_2} = F'(x_1)$$

これより

$$x_2 = x_1 - \frac{F(x_1)}{F'(x_1)}$$

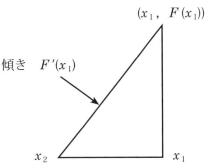

さらにこれで求めた x_2 の値を今度は上の式の x_1 にいれると

$$x_3 = x_2 - \frac{F(x_2)}{F'(x_2)}$$

さらにまたこの x_3 を入れ替えて

$$x_4 = x_3 - \frac{F(x_3)}{F'(x_3)}$$

これを繰り返すと x_n は限りなく求めるべき X の値に近づいていきます。
例えば，小数点3位以下が決まればそれを答えとする，と決めればそれ以上は繰り返し演算をする必要はなく，答（の近似値）が求まることになります。
この繰り返し演算が初めに描いた絵の意味です。もうこれで完全に分かりましたね。

では次にお待ちかね，ぐるぐる魔方陣法をやりましょう。

○ぐるぐる魔方陣法

今，関数 $F(x)$ が次のように与えられるとして，それがゼロと等しくなる点，X を求めます。
$$F(x) = x^3 - 5x^2 + 4x + 1$$

これはニュウトン法でももちろん解けますが，ここでは違うやり方，ぐるぐる魔方陣で解きます．

解法

$F(x)$ を，一つは $y = x$，あとは残りの二つの関数に分けます．

$F(x) = x^3 - 5x^2 + 4x + 1 = 0$
これから $x^3 - 5x^2 + 5x + 1 = x$
$G(x) = x$ → 必ず一つはこの関数を作ります．
$H(x) = x^3 - 5x^2 + 5x + 1$ → $G(x)$ を作った後に残る関数です．

この二つの関数 $G(x)$ と $H(x)$ が等しくなる X が求める値となります．二つの関数を同じ座標に描いてみましょう．この二つの線が重なる点 (intersepting point) の X 座標，この図では x_a, x_b, x_c の 3 つが答となることは分かりますね．

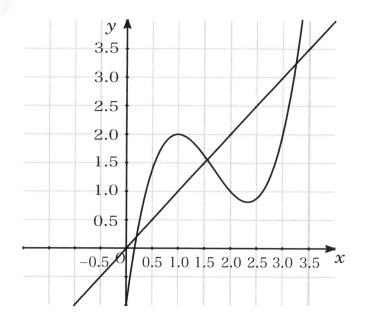

それでは，いよいよ魔方陣を書き始めます．

まず X_b の部分を拡大して描きます．
適当な点 x_1 を決め，$H(x_1) → y_1$ を求めます．$G(x)$ は $y = x$ ですから，$H(x_1)$ を x_2 として $H(x_2) → y_2$ を求めます．さらにその y_2 を x_3 として $H(x_3)$ を求めます．そうやって次々に繰り返していくと，ぐるぐる魔方陣のような線を描き，x_n は最終的に決まった値，つまり x_b へと収束していきます．

これがぐるぐる魔方陣による解法です．

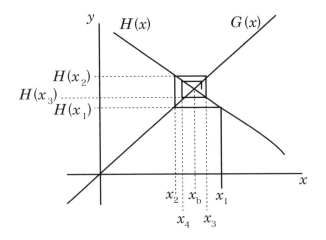

コンセプトは以上でお分かりになったと思います。では実際にこの方法で計算して答を出してみましょう。

IB 問題

方程式 $y = 4\cos x$ と $y = e^x$ を $0 \leq x \leq 1.8$ の範囲で右の図に表す。

(1) 方程式 $4\cos x = e^x$ は $0 \leq x \leq 1.8$ の範囲内に解を一個持つ。$4\cos x$ と e^x の値同士を比べることにより，その解を有効数字一桁まで求めよ。

(2) 方程式 $4\cos x = e^x$ をニュウトン・ラプソンの公式が使えるように変形せよ。さらに (1) で得た解を初値 x_0 として式にいれ，さらに厳密な解を有効数字3桁まで求めよ。計算の仮定をすべて記述すること。

(3) $4\cos x = e^x$ の解は何個あるか。その答えの妥当性を適当な図を使って説明

〔1997年 一般レベル ペーパー2〕

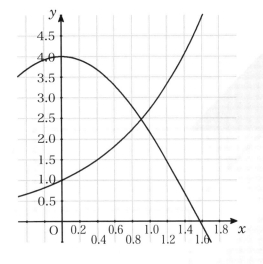

解

(1) $x = 1$ $4\cos x = 2.16 \to 2$ $e^x = e$ = 2.73 → 3   不一致
    = 1.2   = 1.45 → 2 $= e^{12/10}$ = 3.3 → 3   不一致
    = 0.8   = 2.78 → 3 $= e^{8/10}$ = 2.22 → 2   不一致
    = 0.9   = 2.48 → 2 $= e^{9/10}$ = 2.45 → 2   一致！

答 $x = 0.9$

(2) $f(x) = 4\cos x - e^x$ という関数 $f(x)$ を作る。

その微分は $f'(x) = -4\sin x - e^x$

これを以下のニュウトン・ラプソン公式に適用する。

$x_{n+1} = x_n - f(X_n)/f'(X_{n+1})$　　ニュウトン・ラプソン公式

$x_1 = x_0 - f(x_0)/f'(x_0) = 0.9 - f(0.9)/f'(0.9) = 0.9 - 0.0268367/(-4.10811) = 0.90653$

$x_2 = x_1 - f(x_1)/f'(x_1) = 0.90653 - f(0.90653)/f'(0.90653)$

　　$= 0.90653 - (-0.0097968)/(-5.62520) = 0.90653 - 0.0017416 = 0.90827$

$x_3 = x_2 - f(x_2)/f'(x_2) = 0.90827 - f(0.90827)/f'(0.90827)$

　　$= 0.90827 - (-0.0195856)/(-5.633792) = 0.90827 - 0.00347645 = \underline{0.90479}$

$x_4 = 0.90479 - (-0.0000100376)/(-5.6165946) = \underline{0.90479}$

Thus $x = 0.905$　　(3 dicimal places)

(3) 下図から分かるように解は無限

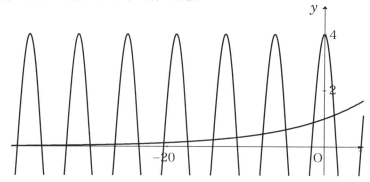

1-10　角度の異なる表記法

　ここでは少し違った話をしてみたく思います。皆さんは角度がどういうものか分かっていますね。
「はい，もちろんです。そんな分かりきったことをいまさら尋ねないでください」
　そんな返事がすぐに来そうですが，皆さん本当に分かっていますか。幼稚園に通っている幼い弟や妹がいるとして，ある日いきなりそう尋ねられたら，皆さんはどうやって説明しますか。果たして彼らが納得するような説明ができるでしょうか。物事を完全に理解すると言うことは，優しい言葉で説明ができるようになる，ということに他なりません。難しいことを難しい言葉でしか説明できないうちはまだ良く理解していない証拠です。
「角度とは，ある決まった一点に対しどの程度の広がりを持った領域が存在するかを示す尺度です」
　相手が幼い子供ならば，領域を単に場所と言い換えれば，これで十分通じるはずです。

　さて本題に入りますが，その広がり方を現す尺度として皆さんはすでに度 (degree) 表示というのを知っています。これは全方位，あるいは全周を360等分して表す尺度です。この定義はすらっと言えますね。
　そのほかにどのような表記法があるのでしょうか。天気予報などで出てくる度分秒があります。TVを観ているとしばしば東経130度22分13秒の沖合いで何とかかんとか，と言っていますね。
　分と秒があるからと言ってもあれは時間ではありません。60秒で1分，60分で1度，360度で全周を表す角度表記なのです。
　例えば25度30分6秒を度表示で表したらどうなるでしょう。
　度は同じ，30分は30÷60で0.5度，6秒は6÷60÷60で0.0016666···ですから25.501666···度となります。ピンときませんね。やはり細かい部分が重要な場合は細かく単位が分かれている度分秒の方が使い勝手が勝ります。
　では最後に人類が最初に使い始めて，今も使い続けている重要な角度表記法を説明しましょう。それはラジアン表記です。
　ラジアン表記を既に知っている人は，あんな分かり難い表記がどうして人類が初めて使った物だと言えるのかと訝しんでいることと思います。あるいは私のことを，まやかしを言う信用できない男だと疑い始めているかもしれません。疑う気持ちはごもっともですが，私の言うことは正しいのです。
　それをこれから説明しながら，ラジアンについて語ります。

ラジアンとは

　皆さんは大昔のエジプトのピラミッドがいびつではなく完全な正方形の底面を持っていることは知っています。あんな大きなものをどうやって正確に直角を出したのでしょう。

古代エジプト人は一辺が100メートルもある巨大な分度器を使っていたのでしょうか。そうだとしたら，どうやってそんな巨大な分度器が作れたのでしょう。

実は彼らはそんな分度器など持っていませんでした。彼らは長い縄一本だけで角度を正確に割り出していたのです。では一体どうやって？

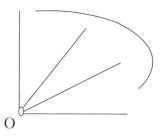

大地のある点Oにくいを打ち，縄の一端をそこに留め，縄をぴんと張ったままで移動します。一回りして最初のところに戻るまでに歩いた距離を測っておき，それを半分すれば，半周，4で割れば四半周となります。この方法ならばピラミッドのような巨大なものでも望みの角度が割り出せます。

南アメリカにあるナスカの地上絵もこの方法で自在に角度を割り出しながら描かれました。これがまさしくラジアンの考え方なのです。

つまり，

<u>ラジアンとは半径と周との比で決める角度なのです。</u>

周を l，半径を r で表せば角度 θ (radian) は

$$\theta = \frac{l}{r}$$

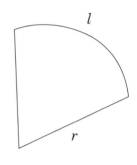

となります。

全周のばあい，周の長さは $2\pi r$ ですから

$$\theta = \frac{2\pi r}{r} = 2\pi$$

です。

高校数学では後半は度表示よりはこのラジアン表示の方を普通に使うようになりますので，早くこの表示方法に慣れることが大切です。いつまでもいちいち度表示に換算してでないと分からないのでは先々困ることになります。第一，ラジアン表示に慣れないと古代エジプト人にバカにされてしまいます。

ラジアンの活用

1）半径が20cmで角度が1ラジアンの周の長さを求めよ。

$$\theta = \frac{l}{r}$$

の式を使えば，$l = \theta \times r = 1 \times 20\text{cm} = 20\text{cm}$ とあっという間に出ます。

2）半径が20cmで角度が1ラジアンの扇形の面積を求めよ。

全周の面積が πr^2 ですから求める面積 A は

$$A = \pi r^2 \times \frac{\theta}{2\pi} = \frac{\theta r^2}{2} = 200 \text{cm}^2$$

となります。角度掛ける半径の自乗÷2と大変覚えやすい式ですね。

このようにラジアンで表記されると周も面積も直接求めることができる，大変実用的な角度表記であることがわかります。

このように便利なラジアンと早くお友達になりましょう。

数学こぼれ話

ラジアンの起源

1．イントロ

　昔々，紀元前三千年以上も前のエジプトでアメンホテップ3世と名乗る一人の王様が，自分の死後も人々が自分の偉大な業績を忘れなくさせるにはどうしたらよいか，あれこれと悩んでいました。・・・まったくどこの国でもいつの時代でも施政者の独善ぶりは同じです。

　その悩みを知ったゴマすり太鼓持ちのダエマ大臣が，王様にこう進言しました
「偉大なわれらが王の業績を未来永劫，この国の民に知らしめるには強大な墓を作るに限ります。それには歴代の王が立てられた墓をはるかに上回る強大な建造物にする必要があります」

　それを聞いてアメンホテップ王は大いに満足した。

　調子に乗ったダエマ大臣はさらに続けた。
「従来の墓はただ石を積み上げただけに過ぎません。偉大な王の墓は縦横が人の身長の100倍，高さもそれに等しい正方錐がよろしいと存じます，はい」

　その提言に王は前以上に満足した。しかし，気になることができてダエマ大臣に問い合わせた。
「ダエマよ，そのような巨大な建造物をいかに正確な正方錐の形に仕上げるのだ。余はきちんと正しく直角が出た正確な基礎の上に立てられた墓が所望じゃ。正確な直角がきちんと出ているという証明が出来，余がそれに納得できるやり方で建てよ」

　それを聞いてゴマすりダエマ大臣の顔が青ざめた。従来どおりのやり方でただ大きく建てればよいと安易に考えていたのが，王のその一言で非常に難しい工事になることがわかったからだ。以前の墓の中には確かに遠くから眺めると形がいびつなものや，角度が傾いて4隅が正確に同じとなっていないように見えるものもいくつかある。それが次の墓ではそれらの4倍から5倍の大きさで建てるから，少しの角度の狂いでも出来上がればそれが大きく影響して，でき損ないの菱形のような見苦しい形となってしまう。王もそれがわか

っているからこそ，そのような注文をつけたのだろう．
　ダエマ大臣は自分では到底考え付かないので，国中にアイデアを募集することにした．

２．集まった応募作
　王の威信をかけて国中にお触れを回した結果，3ヵ月後にはさまざまなアイデアが集まってきた．その中から良さそうに思えるものを3つ残して，それぞれの案を起案した技術者から王に説明させ，王自らが最終案を決定するしだいとなった．
　当日，ナイル川を見下ろす宮殿の大広間で，国中から集められた高官が横に立ち並ぶなか，最終選考に選ばれた技術者たちがそれぞれのアイデアを，高い段のうえに設えた黄金の玉座に座る王に向かって説明を開始した．

第一案：これは墓（ピラミッド）つくりではエジプトでも第一人者として定評のあるモバラクが持ってきたアイデアであった．

　「王様，まず地面に大人100人分のまっすぐな直線を引きます．その線の両端から同じ長さの紐で円を同じ方向にそれぞれ描きます．その円の交わった点から，最初に引いた線の中点に向かって線を引きます．その中点からの線をさらに100人分と同じ長さだけ延ばします．その伸ばした線の終点から50人分の長さの直線を左右に延ばし，最初に両端から引いた円と交わる点をそれぞれマークし，最初の線の両端からそれらのマークした点へ線を引けば，100人分の長さの正方形ができます」

　確かに理論的には正しいようであるが，作業が多すぎてその途中で誤差が入り込みそうである．王は次のアイデアを聞くことにした．

第二案：これもやはり墓つくりでは有名な技術者のナセルによる提案であった．

　「王様，まず100人分の辺をもった正方形がぴったりと中に納まる大きな円を地面に描きます．その中に両端が円状にくるように100人分の長さの直線を引きます．次にその両端から100人分の長さの直線を終点が同じ円状に来るように引きます．こうしてできた4点を結べば正方形が完成します」

　これは最初の案よりも作業が少なく，したがって誤差の出る割合も低そうである．ただしこの案には重大な難点がひとつあった．100人分の長さの辺を持った正方形がぴったりと収まる円の半径をどうやって求めるかについて，この技術者は王が満足いくような答えができなかったのだ．

第三案：この案は意外な人物から提出された．アリという建造物とはまったく畑違いの若い無名の絵描きであった．

「王様，私はある定まった角度を描く際にいつも使うやり方が，今回の巨大な王の墓作りにも役に立つと考えて応募しました。私は仕事柄たくさんの図形を描きます。三角やら四角，さらには六角形や八角形です。従いまして，そのつど正確な角度を描く必要に駆られており，それを描くのにいつも大変な苦労をしていました。しかしある時ふと，半径と周の長さとの関係と角度とは決まった関連があることに気がついたのです。

　つまり，ある長さの半径で円を描きます。その際ぐるっと一周するのに必要な長さを測ります。今度はたとえば円の半分でしたら周の長さを半分，直角でしたらさらにその半分，というように周の長さを調節することによって望みどおりの角度が描けることに気がついたというしだいです」

　このアイデアを聞くや否や王は椅子から立ち上がらんばかりに喜んだ。論理には筋が通っていて，作業は単純だから誤差も出にくい。何よりも方法に普遍性があって直角だけでなくどのような大きさの角度でも自在に描ける。すばらしいアイデアだと王は激賞し，約束の賞金，砂金二つ包みを倍にして労を報いた。

　さらに王は，アリが発明したこの角度を描く方法を

「半径の長さを基準にして計る角度」

　つまり全周360度を1とし，半周を1/2，四半周を1/4というようにして表される角度，"radian scale angle"，略してラジアン・アングルと称することに決めた。

　こうして，人類は初めて普遍的に角度を測る方法を手に入れました。

3．エピソード

　そのようにして決められた便利な角度表記であったが，難点がひとつあった。それは全周が基準となるため，30度のような小さな角度を測る際でも必ずその半径で一回りする全円周を描かなければならなかった。これはたとえば周囲を囲まれた限られた部分で角度を測る場合には不便極まりないものであった。

　どうしたらもっと便利にこの角度法が使えないものか，多くの学者や技術者が頭を使って考えた。あるとき，円周と半径には定まった大きさ関係が有ることに気がついた学者が，角度を従来のように全周とその角度に対する比率であらわすのではなく，半径とその角度に対する周との比率であらわす方法を考えた。次に彼は全周をいちいち測らなくとも済むように，全周と半径との比率を求めた。その結果全周の長さは半径の6.28倍，したがって半径の長さの6.28（2π）倍，となる周に対応する角度を全周360度と決めた。こうすれば半周180度は6.28の半分3.14（π），90度ならば更にその半分の1.96（$1/2\pi$），それぞれの倍数をかけた周の長さを測れば望みどおりの角度が引ける。もういちいち全周の長さを描いてその長さを測る必要はなくなった。

$$\text{ラジアン角} = \frac{\text{周の長さ}}{\text{半径の長さ}}$$

$$360\text{度} = \frac{2\pi r}{r} = 2\pi \qquad 60\text{度} = \frac{2\pi r \times 1/6}{r} = 1/3\pi$$

グループ2
理解するのに結構手間が掛かる項目

→その上，3ヶ月もやらないでいると
忘れてしまう所！

2-1　複素数
2-2　ベクトル

2-3　統計　IB数学では本当はこれだけで一冊の本になる範囲です。

2-1 複素数

2-1-1 実際にない数，虚数

数学の歴史を辿ると，これまでに3つの偉大な考案がありました。

第一番目はマイナスという数の考案。これは余りに昔過ぎていつどこで誰が初めて考えたのか誰もわかりません。しかしマイナスを考えたお陰で，計算できる範囲が飛躍的に広がったのは確かです。

第2番目はゼロという数の発見，あるいは考案。これは6, 7世紀のインドで起きました。このインドで考案されたゼロの概念は8世紀にはアラビアに伝えられ，アラビアではインドから伝えられたゼロの概念がさらに発展して代数学が生み出されました。代数学というのは方程式の解法で代表される数学で，中学生になって初めて習いますが，それまで小学校で習っていた四則演算を活用する算数との違いを正確に理解してください。
数学は足したり掛けたりする計算だけの算数とは次元の違うものです。
アラビアではサイン，コサイン，タンジェントなどの三角法も考案されました。ピレーネ山脈の東方の西欧ではカソリックの呪縛に捉えられて自然科学の発達が止まり，学問的には暗黒時代に入っていた頃，アラビアでは数学や天文学，更には化学などの自然科学が飛躍的な発展を遂げていました。数学で言えば，もともとインド人が発見したゼロという概念は，従来の算数をひっくり返すほどの大きなインパクトがありました。このゼロの発見によって算数が数学へと進化したといっても言い過ぎではありません。
学問といえば神学しかない暗黒の欧州各地から，科学を学ぶ意欲に燃えた人たちが険しいピレーネ山脈を越えて，当時はイスラム文化圏であったイベリア半島へ留学したのです。
彼らがそこで学んだ数学は本国へと持ち帰られて各地で伝えられ，その結果欧州でアラビア数字が一般的に使われ，結局数学の世界ではそのアラビア表記法が世界の共通数字表記法となった訳です。
因みに欧州ではアラビア数字以外に彼ら独自の表記法がありましたが，それは今も残っています。時計の文字盤に使われているⅠ，Ⅱ，Ⅲがそれです。ⅠⅩ(9)，Ⅹ(10)やⅩⅠ(11)を見れば，アラビア数字に慣れた今ではとても使いづらくて，「勘弁してよ」という感じですね。中国や日本の表記法も似たり寄ったりで，とても数学に向く表記法とはいえません。
ともあれ，この中世のアラビアで代数学という数字が発展したことで，従来の算数が初めて数学と呼べる高度なレベルの学問となったと言えます。

第3番目の考案に行く前に，少し足踏みをしましょう。大学へ入るとその専門に応じた第2外国語が必須科目となります。その専門分野で世界共通語として使われる言葉，違う言い方をすれば，その分野での進歩にメジャーな貢献をした国の言葉を学ぶわけです。そ

の言葉で書かれた文献が多く，それを原語で読むためです。

　私が勉強した機械工学ではドイツ語，法律関係ならフランス語，経済ならばスペイン語といった具合です。それでは数学は一体何語を勉強するのでしょう。　大丈夫，アラビア語ではありませんから心配しないで下さい。

　実はフランス語です。というのも数学は近世に入ってフランスでさらなる大発展を遂げます。

　数学が高度になるにつれて，さらに複雑化する難しい方程式を解くために，複雑な計算をいかに簡単にできるようにするかという点で様々な努力がなされました。掛算，割り算を足し算，引き算へと変換して計算を簡略化する対数（ロガリズム）などはその典型的な例です。そうした変換のほとんどがフランスの数学者たちによって次から次へと提唱されたのです。

　かくしてフランスは世界の数学をリードする国となりました。さらにその地位を決定的にしたのが第3番目の考案，虚数の発見です。

第3番目の考案，虚数

　これは英語では Imaginary，つまり想像上の数という意味です。具体的に言えば自乗すると−1となる数を，想像上で作り上げてしまったのです。そんなむちゃくちゃな，と思うかもしれませんが，そうした実際にはありえない数を考えて，それを使う数学を考案したことで数学はゼロの発見と同じ飛躍的な進化を遂げることになります。ロケットを飛ばすための軌道計算，高層ビルを設計するための耐震計算，テレビを作るための電気回路設計など，この虚数が無ければ到底できないことなのです。

　この虚数の考案こそが，近代から現代へと科学が発展するための大きな原動力となった，そう言っても言い過ぎではありません。

　すっかり前置きが長くなりましたが，ではこれから虚数がどういうものであるかを勉強しましょう。

1）実数，虚数，複素数

この世の中に実際にある数を実数と呼び，それは更に有理数，無理数，有理数は更に整数，自然数などに細分されていきます。念のためここで一回おさらいをしましょう。

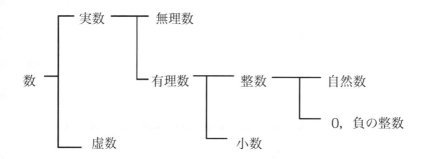

それぞれの意味はもうわかっていますよね？ 例えば無理数とはどういう数ですか？
間違ってもルートでもって表記される数だ，などとは答えないで下さいね。
正解は，分数で表され得ない数です。 大丈夫ですよネ？？？？

この実数と虚数との組み合わせで表される数を，要素が複数（2つ）あるから複素数（Complex）と呼び，虚数を学ぶ事はこの複素数を学ぶことに他なりません。

2）複素数の表記

今自乗すると-1となるような数を考え，それを i（アイ）で表記します。ですから虚数を語るというのはアイ（愛？）を語ることに他なりません。「だから i（愛）は虚ろなのですね」などと言って納得しないでください。
すなわち $i^2 = -1$
さらに a, b を実数として $a + bi$ という数を考えると，a は実数，bi は虚数ですから，これらの組み合わせが複素数（cpmplex）となります。

3）複素数の一致条件

いま2つの複素数，$a+bi$ と $c+di$ を考えると，$a=b, c=d$ が<u>2つ共に成り立つときに限り</u>これら2つの複素数は一致し，それ以外の場合には一致しないという重要な原則があります。
つまり，複素数同士が等しくなるには，実部は実部どうし，虚部は虚部どうしで等しくなっていなければならないのです。そうでなくて，a, b と c, d の組み合わせによって等しくなるなどという事は絶対にありません。
このことは後で出てくる証明や計算問題にしばしば使われます。

4）複素数の四則演算

加法　$(a+bi)+(c+di)=(a+c)+(b+d)i$
減法　$(a+bi)-(c+di)=(a-c)+(b-d)i$
乗法　$(a+bi)(c+di)=(ac+bdi^2)+(ad+bc)i=(ac-bd)+(ad+bc)i$
$$i^2=-1 \text{ より}$$
除法　$(a+bi)/(c+di)=((ac+bd)-(bc-ad)i)/(c^2+d^2)$　ただし $c^2+d^2 \neq 0$

以上までのところはしっかりと理解できましたか。ここまで完全に判ったところで先へと進みましょう。

5）共役複素数 (共役 : キョウエキと読みます。キョウヤクではありませんよ) 英語では共役は conjugate が使われます。

いま Z という複素数, $x+yi$ を考えます。そうするとこの Z に対して共役関係にある複素数を $\{Z\}$ で表すと, $\{Z\}=x-yi$ となります。 つまり共役関係にあるというのは<u>互いに足すと虚数が消えて実数だけになる関係</u>です。 そういえば無理数の時にも同じように共役な無理数というのが出てきましたね。

この関係は複素数の四則演算にも適用されます。

$\{Z_1+Z_2\}=\{Z_1\}+\{Z_2\}$

$\{Z_1 \cdot Z_2\}=\{Z_1\}\cdot\{Z_2\}$

$\{Z_1/Z_2\}=\{Z_1\}/\{Z_2\}$

以上で基本説明は終わりました。では早速問題を解いてみましょう。

問題 1　次の計算をしなさい

（1）　$(2+3i)-(1-4i)$
（2）　$(1-\sqrt{3}i)(2+\sqrt{5}i)$
（3）　$2/(2-\sqrt{-9}i)$

解
（1）$1+7i$
（2）$2+\sqrt{5}i-2\sqrt{3}i-\sqrt{15}i^2=2+\sqrt{15}+(\sqrt{5}-2\sqrt{3})i$
（3）
$$\frac{2(2+\sqrt{9}i)}{(2-\sqrt{9}i)(2+\sqrt{9}i)}=\frac{2(2+\sqrt{9}i)}{4-9i^2}=\frac{4+6i}{13}$$

問題 2 $\alpha(2-3i) + \beta(3+5i) = 8+7i$ となる α, β の値を求めよ。

解
$2\alpha + 3\beta = 8$
$-3\alpha + 5\beta = 7$　　$\alpha = 1$　$\beta = 2$

2-1-2　複素数平面と極座標表示

（1）複素平面
　今まで習った直交座標系と同じように，a を横軸，b を縦軸に対応させ，それぞれ実軸，虚軸とすると，この2軸で表される平面を複素平面と呼びます。

このとき，複素数 z の絶対値 z を $\sqrt{a^2+b^2}$ で定義すると，これは原点から複素平面状の z 点までの距離に他なりません。

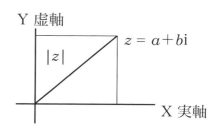

問題 1
（1）$Z = 2-3i$ とすれば，Z, $\{Z\}$, $-Z$, $\{-Z\}$, $Z\cdot\{Z\}$ を複素平面上に図示せよ。
（2）$Z_1 = 2-3i$，$Z_2 = 1+i$ の時，$Z_3 = Z_1 \cdot Z_2$ を計算し，Z_1, Z_2, Z_3 のそれぞれを複素平面上に示せ。

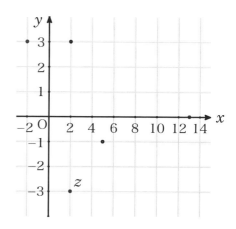

解
（1）$\{Z\} = 2+3i$，$-Z = -2+3i$
　　　$\{-Z\} = -2-3i$
　　　$Z\cdot\{Z\} = (2-3i)(2+3i)$
　　　　　　　$= 4+9+0i = 13+0i$
（2）$Z_3 = (2-3i)(1+i)$
　　　　$= 5-i$

（2）複素数の極座標表示
　この複素平面状で Z が実軸となす角度を θ 偏角（argument）と呼び，arg Z で表します。
　arg $Z = \theta$

また、Zをθとrで表すと、

$Z = r(\cos\theta + i\sin\theta)$

と表せることになります。

これを複素数の極座標形式と呼びます。Argument だからといって論争ではありません。ここの Argement はあくまでも角度のことです。

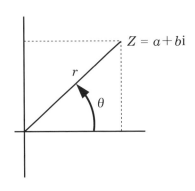

ここで注意してもらいたいことが2点あります。

その1 $r = 0$の場合、偏角θが定まらないので、こうした場合、極座標形式は存在しません。

その2 偏角θは無限個あります。例えば30度, 390度, 750度,,,,,,,
　　　どうしてか判りますね。
　　　　　$\theta = \theta + (360度)\cdot n$ 　nは整数
　　　で繰り返すからです。

では問題です。

問題2

次の複素数の極座標形式を求めて、
それを複素平面上に示せ。
$2(1+0i),\ -1+2i,\ 0-3i,\ 1+2i$

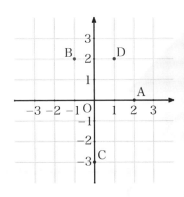

解
　$2 = 2(\cos 0 + i\sin 0) \to A$
　$-1+2i = \sqrt{5}(\cos\theta + i\sin\theta)$ ここで $\tan\theta = -2 \to B$
　$-3i = 3(\cos 3/2\pi + i\sin 3/2\pi) \to C$
　$1+2i = \sqrt{5}(\cos\theta + i\sin\theta)$ ここで $\tan\theta = 2 \to D$

問題3

$Z = r(\cos\theta + i\sin\theta)$の時、$-Z$, $\{Z\}:Z$の共役複素数, $\{-Z\}:-Z$の共役複素数, を極座標形式で表せ。

解

$-Z = -r(\cos\theta + i\sin\theta) = r(\cos(\theta + \pi) + i\sin(\theta + \pi))$ 原点対称です。

$\{Z\} = r(\cos\theta - i\sin\theta) = r(\cos(-\theta) + i\sin(-\theta))$ x軸に関して対称。

$\{-Z\} = r(\cos(\theta + \pi) - i\sin(\theta + \pi)) = r(\cos(-\theta - \pi) + i\sin(-\theta - \pi))$ 原点対称にしてさらにx軸対称。

(3) 複素数どうしの四則演算と極座標表示

1) 足し算

右の図からもわかるように，Z_1とZ_2との足し算はちょうど，Z_1とZ_2から描いた平行四辺形の頂点に来ます。

一体どうしてでしょう。

座標で考えればわかります。

$Z_1 = a + bi$

$Z_2 = c + di$

$Z_1 + Z_2 = (a + c) + (b + d)$

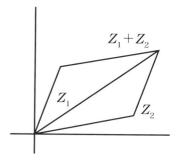

でした。$(a+c, b+d)$は確かに平行四辺形の頂点の座標となりますね。

2) 引き算

$Z_2 - Z_1$を考えて見ましょう。

左の図からもわかるように，$Z_2 - Z_1$は$-Z_1$とZ_2から描いた平行四辺形の頂点に来ます。一体どうしてでしょう。

これも座標で考えればわかります。

$Z_1 = a + bi$

$Z_2 = c + di$

$-Z_1 + Z_2 = (-a + c) + (-b + d)$

でした。$(-a+c, -b+d)$は確かに平行四辺形の頂点の座標となりますね。

3) 掛け算

ここからが複素数平面上での演算の面白いところです。期待して聞いてください。

いま$Z_1 = 1 + 2i$，$Z_2 = 1 + i$という2つのベクトルを考えます。$Z_1 \cdot Z_2$を計算してみましょう。

$Z_1 \cdot Z_2 = (1 + 2i)(1 + i) = (1 - 2) + (2 + 1)i = -1 + 3i$　となります。

ではこれを複素平面上に描いてみましょう。

この絵を頭に入れて，Z_1, Z_2, $Z_1 \cdot Z_2$ の極座標形式を書いてみましょう。

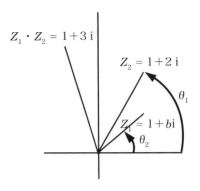

$Z_2 = r_1(\cos\theta_1 + i\sin\theta_1)$
$ = \sqrt{5}(\cos\theta_1 + i\sin\theta_1)$
$Z_1 = r_2(\cos\theta_2 + i\sin\theta_2)$
$ = \sqrt{2}(\cos 45° + i\sin 45°)$
$Z_1 \cdot Z_2 = \sqrt{10}(\cos\theta_3 + i\sin\theta_3)$

ここまで書いて，あることに気がつきませんか？
Z_1 に Z_2 を掛けた結果というのは複素平面上で考えると，
1 $\arg\theta_1$ に $\arg\theta_2$ を足し，
2 r_1 に r_2 を掛けた結果に他ならないのです。

本当にそうなのか，次の問題で確かめましょう。

問題 4
A = 2 + 3i, B = i, C = −2
D = A × B, E = A × B × C
を計算し，それから極座標で表して計算結果と共に複素平面上に示し，掛け算が極座標形式では偏角の足し算と絶対値の掛け算となることを示せ。

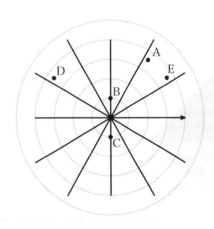

4）割り算
　掛け算が分かれば割り算はもうおまけのようなものです。
　掛け算と同様にして，
いま $Z_1 = 1 + 2i$, $Z_2 = 1 + i$ という 2 つのベクトルを考えます。

　Z_1/Z_2 を計算してみましょう。
　$Z_1/Z_2 = (1+2i)/(1+i) = (1+2i)(1-i)/(1+i)(1-i)$
$ = (3+i)/2$
となります。
　ではこれを複素平面上に描いてみましょう。

この絵を頭に入れて，$Z_1, Z_2, Z_1/Z_2$ の極座標形式を書いてみましょう。

$$Z_1 = r_1(\cos\theta_1 + i\sin\theta_1)$$
$$= \sqrt{5}(\cos\theta_1 + i\sin\theta_1)$$
$$Z_2 = r_2(\cos\theta_2 + i\sin\theta_2)$$
$$= \sqrt{2}(\cos 45° + i\sin 45°)$$

$Z_1 : 1 + 2i$
$Z_2 : 1 + i$
$Z_1/Z_2 : (3+i)/2$

どうですか，予想通りでしょう。
割り算では偏角を引き，絶対値を割りました。

では，ここで総合問題です。

問題 5

(1) 次の計算をしなさい
$(1+i)(1+\sqrt{3}\,i)/\sqrt{3}-i$

解

$$= \frac{(1+i)(1+\sqrt{3}\,i)}{\sqrt{3}-i} = \frac{\sqrt{2}(\cos(\pi/4)+i\sin(\pi/4)) \times 2(\cos(\pi/3)+i\sin(\pi/3))}{2(\cos(-\pi/6)+i\sin(-\pi/6))}$$

$$= \frac{2\sqrt{2}}{2}(\cos(\pi/4+\pi/3-(-\pi/6))+i\sin(\pi/4+\pi/3-(-\pi/6)))$$

$$= \sqrt{2}(\cos(3\pi/4)+i\sin(3\pi/4))$$

ここで止めても良いのですがさらに計算すると，

$$= \sqrt{2}(-1/2 - i\sqrt{3}/2)\quad 実際に計算をしてもこうなるはずです。$$

(2) 点 $(1+\sqrt{3}\,i)$ を原点の周りに 120 度回転したときの座標を求めよ。

解

$1+\sqrt{3}\,i = 2(\cos(\pi/3)+i\sin(\pi/3))$

原点周りに 120 度 ($2\pi/3$) 回転させるというのは複素数 $1(\cos(2\pi/3)+i\sin(2\pi/3))$ を掛けることだから，

$$2(\cos(\pi/3) + i\sin(\pi/3)) \times 1(\cos(2\pi/3) + i\sin(2\pi/3))$$
$$= 2(\cos(\pi/3 + 2\pi/3) + i\sin(\pi/3 + 2\pi/3))$$
$$= 2(\cos(\pi) + i\sin(\pi))$$
$$= 2(-1 + i \times 0) = -2$$

IB 問題

A．以下の関係を満たす複素数 Z を考える。

$$\sqrt{Z} = \frac{2}{1-i} + 1 - 4i$$

Z を $x + iy$ の形で書き表せ。ただし $x, y \in R$（実数）

〔2003 年 上級レベル ペーパー 1〕

解

$$\sqrt{Z} = \frac{2}{(1-i)} \frac{(1+i)}{(1+i)} + 1 - 4i = 1 + i + 1 - 4i = 2 - 3i$$

$$Z = (2 - 3i)^2 = -5 - 12i$$

B．複素数 $Z = x + iy$ で表される複素平面状にある 1 点の座標を (x, y) で表す。この複素平面上にある 2 つの点 A，B はそれぞれ複素数 $Z_1 = 4 + 5i$　$Z_2 = 1 + i$ で表されるとする。

(a) x, y 軸を複素数の実軸と虚軸として，2cm が一単位となるように，0～6 までの範囲で描け。そこに点 A, B をプロットせよ。

(b) 同じグラフ中に次の 2 つの直線を描け。

 1) $\arg(Z - 4 - 5i) = \arctan(-2)$
 2) $\arg(Z - 1 - i) = \arctan(1/2)$

 ただし $Z = x + yi$

1) 上記 2 つの線の交角を θ とすれば，以下となることを示せ。
 $\theta = \pi/2$

2) 以上のことから，あるいは他の方法でもかまわないが，次の式で規定される軌跡を図の中に描きなさい。

 $\arg(z - 4 - 5i) - \arg(z - 1 - i) = \pi/2$

〔1998 年上級レベル ペーパー 2〕

解

(a) 下の図中に示す。

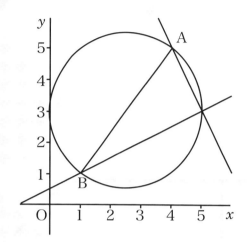

(b) $A = Z - (4 + 5i) = x - 4 + (y - 5)i$
$\tan(A) = (y-5)/(x-4) = -2$　したがって $y - 5 = -2x + 8$　$y = -2x + 13$

$B = Z - (1+i) = x - 1 + (y-1)i$
$\tan(B) = (y-1)/(x-1) = 1/2$　したがって $y = 1/2x + 1/2$

（1）グラフAのタンジェントは-2，グラフBでは$1/2$　$-2 \times 1/2 = -1$
したがってAとBは直交する。$\theta = \pi/2$

（2）偏角$(Z - 4 - 5i) = \theta_1$　偏角$(Z - 1 - i) = \theta_2$ と置きます。2つの直線の交角θは $\theta_1 - \theta_2$であるから（1）を使って
$\theta_1 - \theta_2 = \pi/2$
このタンジェントを取れば $\tan(\theta_1 - \theta_2) = \tan(\pi/2)$ これを展開して

$$= \frac{\tan\theta_1 - \tan\theta_2}{1 + \tan\theta_1 \times \tan\theta_2} = \tan(\pi/2) = \infty$$

これゆえ　$1 + \tan\theta_1 \times \tan\theta_2 = 0$

$$1 + \frac{y-5}{x-4}\frac{y-1}{x-1} = 0$$

これより次式が得られる。
$x^2 + y^2 - 5x - 6y + 9 = 0$
これを変形して

$(x-5/2)^2 + (y-3)^2 = (5/2)^2$

これは中心が $(5/2+3i)$ ，半径が $5/2$ の円である。したがってグラフはこの円の周となる。

2-1-3 ド・モアブルの定理

それって何？
アンモナイトのイメージを描いてください。
ド・モアブルの定理は正にその古代の化石，
アンモナイトそのものなのです。

一言で言うと，
「複素数同士の掛け算・割り算を足し算・引き算に変換して計算しやすくする方法」です。
　何だか対数（log）と似ていますね。そうなのです。複雑な計算を何とかしてやさしくできないか，電脳がなかった時代の数学者たちは，そうした計算を簡略化する方法を見つけるのに必死で取り組んでいました。今ならパソコンを使えば1ミリセカンドも掛からずに終了する計算を，200年も前の彼らは何年もかかって紙に書いて計算していたのです。

基本用語：
De- Moirbre：ド・モアブル
Modulus モジュラス：複素平面上で原点からの距離（r），複数は Moduli モジュリ，
Argumernt アーギュメント（Arg.）：偏角，プラスの X 軸と（r）とがつくる角度，

（1）基本を理解するための重要ポイント

　2つの複素数 Z_1 と Z_2 があり，それぞれ次のように表されるとします。
$Z_1 = r_1(\cos\theta_1 + i\sin\theta_2)$, $Z_2 = r_2(\cos\theta_1 + i\sin\theta_2)$

そうすると2つの Z_1, Z_2 同士の掛け算と割り算は

$Z_1 \times Z_2 = r_1 \cdot r_2 \cdot (\cos(\theta_1 + \theta_2) + i\sin(\theta_1 + \theta_2))$
$Z_1 / Z_2 = r_1 / r_2 \cdot (\cos(\theta_1 - \theta_2) + i\sin(\theta_1 - \theta_2))$

というように表されます。簡単ですね。
ではこの式が持つ意味を，直交座標を使って説明しましょう。

そうです。Z_1 に対して Z_2 を掛けたということは，Z_1 を Z_2 の偏角分だけ反時計回りに回転させ，さらに棒の長さを r_2 倍した，ということになるのです。

では Modulus と Argment に実際の値を入れて掛け算と割り算とをやってみましょう。

いま
$Z_1 = 1.5 \cdot (\cos 30° + i \sin 30°)$
$Z_2 = 2 \cdot (\cos 45° + i \sin 45°)$
とします。そうすると

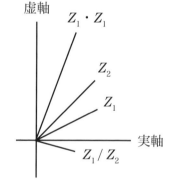

$Z_1 \cdot Z_2 = 1.5 \cdot 2 \cdot (\cos (30+45)° + i \sin (30+45)°)$
$Z_1 / Z_2 = 1.5 / 2 \cdot (\cos (30-45)° + i \sin (30-45)°)$

となって，これらをグラフで表示すると右のようになります。

Z_1 / Z_2 の割り算ですが，これは "Z_1 に $(1/Z_2)$ を掛けた" と考えることもできます。

つまり，

$$1/Z_2 = \frac{1}{2 \cdot (\cos 45° + i \sin 45°)} = \frac{(\cos 45° - i \sin 45°)}{2 \cdot (\cos 45° + i \sin 45°)(\cos 45° - i \sin 45°)}$$

$$= \frac{(\cos 45° - i \sin 45°)}{2((1/\sqrt{2})^2 - (i1/\sqrt{2})^2)} = \frac{(\cos(-45°) + i \sin(-45°))}{2}$$

そうすると，この掛け算は右のように表わされます。

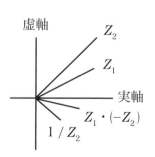

この図からもわかりますが，Z_1/Z_2 と $Z_1 \cdot (1/Z_2)$ とは完全に一致します。

以上でド・モアブルの定理のイメージがつかめたことと思います。

では，掛け算を n 乗の乗数計算に拡張して考えてみましょう。

$$Z^n = r^n \cdot (\cos(n \cdot \theta) + i\sin(n \cdot \theta))$$

こうなるのは,掛算でZ_2がZ_1と同じとなる場合を考えれば理解できると思います。では,この乗数計算はグラフで見るとどうなるのでしょうか。

$$Z = 1.2 \cdot (\cos 30° + i\sin 30°)$$

ではやってみましょう。どうですか,アンモナイトのイメージになったでしょう。

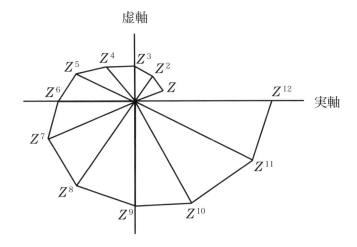

IB問題1
（1）Zが複素数であるとして$Z^5 - 1$を二つの要素同士の掛け算として表せ。ただし一つは一次式とする。
（2）$Z^5 - 1 = 0$となるZの値を求めよ。答えは$r(\cos\theta + i\sin\theta)$の形で示せ,ただし$r > 0$ $-\pi < \theta \leq 2\pi$とする。
（3）$Z^4 + Z^3 + Z^2 + Z + 1$を二つの実数の2次式を掛けた形で表せ。
〔2001年 上級レベル ペーパー2〕

解
（1）$Z^5 - 1$は以下のように因数分解できます。
$$Z^5 - 1 = (Z - 1)(Z^4 + Z^3 + Z^2 + Z + 1)$$

2項目がどうしてこうなるのか分からない人は文字式の割り算を思い出してください。

```
              Z⁴ +    Z³ + Z² + Z + 1
      z−1 ) Z⁵                    −1
              Z⁵ − Z⁴
                   Z⁴
                   Z⁴ − Z³
                        Z³
                        Z³ − Z²
                             Z²
                             Z² − Z
                                  Z − 1
                                  Z − 1
                                      0
```

（2）今 Z を以下のように表す。

$Z = r(\cos\theta + i\sin\theta)$　ただし $r > 0$, $-\pi < \theta \leqq 2\pi$ とする。
ド・モアブルの定理を使えば
$Z^5 = r^5(\cos 5\theta + i\sin 5\theta)$　これが 1 に等しいのであるから
$= 1 = 1(\cos\delta + i\sin\delta)$

ここで $-5\pi < 5\theta \leqq 10\pi$ であるから $\delta = -4\pi, -2\pi, 0, 2\pi, 4\pi$
したがって $5\theta = -4\pi, -2\pi, 0, 2\pi, 4\pi$ であるから
$\theta = -4/5\pi, -2/5\pi, 0, 2/5\pi, 4/5\pi$
また r は実数だから $r=1$

以上より以下の 5 つの解（Z）が得られる。

$Z_1 = \cos(-4/5\pi) + i\sin(-4/5\pi)$
$Z_2 = \cos(-2/5\pi) + i\sin(-2/5\pi)$
$Z_3 = \cos 0 + i\sin 0$　　　→ これが唯一の実数解です。
$Z_4 = \cos 2/5\pi + i\sin 2/5\pi$
$Z_5 = \cos 4/5\pi + i\sin 4/5\pi$

（3）Z の 5 つある解を Z_1, Z_2, Z_3, Z_4, Z_5 と表し、このうち唯一つ実数の解を
　　　$Z_3 = 1$ とすれば、
　　　$Z^5 - 1 = (Z-1)(Z^4 + Z^3 + Z^2 + Z + 1)$
　　　　　　$= (Z-1)(Z-Z_1)(Z-Z_2)(Z-Z_4)(Z-Z_5)$

となり，

$(Z^4 + Z^3 + Z^2 + Z + 1) = (Z - Z_1)(Z - Z_5)(Z - Z_2)(Z - Z_4)$

であることが分かります。右辺を展開すると

$(Z^2 - (Z_1 + Z_5)Z + Z_1 \cdot Z_5) \cdot (Z^2 - (Z_2 + Z_4)Z + Z_2 \cdot Z_4)$ ①

$Z_1 + Z_5 = \cos(-4/5\pi) + i\sin(-4/5\pi) + \cos(-4/5\pi) - i\sin(-4/5\pi)$
$= 2\cos(-4/5\pi)$

$Z_1 \cdot Z_5 = (\cos(-4/5\pi) + i\sin(-4/5\pi)) \cdot (\cos(-4/5\pi) - i\sin(-4/5\pi))$
$= (\cos(-4/5\pi))^2 - i^2(\sin(4/5\pi))^2$

$Z_2 + Z_4 = \cos(-2/5\pi) + i\sin(-2/5\pi) + \cos(-2/5\pi) - i\sin(-2/5\pi)$
$= 2\cos(-2/5\pi)$

$Z_2 \cdot Z_4 = (\cos(-2/5\pi) + i\sin(-2/5\pi)) \cdot (\cos(-2/5\pi) - i\sin(-2/5\pi))$
$= (\cos(-2/5\pi))^2 - i^2(\sin(-2/5\pi))^2$

であるから

① $= (Z^2 - 2\cos(4/5\pi)Z + (\cos(-4/5\pi))^2 - i^2(\sin(-4/5\pi))^2) \cdot$
$\quad (Z^2 - 2\cos(-2/5\pi)Z + (\cos(-2/5\pi))^2 - i^2(\sin(-2/5\pi))^2)$
$= (Z^2 - 2\cos(-4/5\pi)Z + (\cos(-4/5\pi))^2 + (\sin(-4/5\pi))^2) \cdot$
$\quad (Z^2 - 2\cos(-2/5\pi)Z + (\cos(-2/5\pi))^2 + (\sin(-2/5\pi))^2)$

：2つの実数の2次式の積

IB 問題 2

$Z = \cos\theta + i\sin\theta$ で表される複素数を考える。

a) ド・モアブルの定理を使って以下の式が成り立つことを証明せよ。
$Z^n + (1/Z)^n = 2\cos n\theta$

b) $(Z + 1/Z)^4$ を展開して，以下を証明せよ。
$(\cos\theta)^4 = 1/8(\cos 4\theta + 4\cos 2\theta + 3)$

c) $g(a) = \int_0^a (\cos\theta)^4 d\theta$ と置くとき。

1) 関数 $g(a)$ を求めよ。
2) $g(a) = 1$ となる a の値を求めよ。

〔2004年上級レベル ペーパー2〕

解
a) $Z^n = \cos n\theta + i\sin n\theta$

$(1/Z)^n = \cos(-n\theta) + i\sin(-n\theta) = \cos n\theta - i\sin n\theta$

これより　$Z^n + (1/Z)n = 2\cos n\theta$

b) $\{Z+1/Z\}^4 = Z^4 + 4Z^3(1/Z) + 6Z^2(1/Z)^2 + 4Z(1/Z)^3 + (1/Z)^4$

$= Z^4 + (1/Z)^4 + 4\{Z^2+(1/Z)^2\} + 6$

a) の結果を使って　$\{Z+1/Z\}^4 = 2\cos 4\theta + 4\cdot 2\cos 2\theta + 6$

$\{Z+1/Z\}^4 = (2\cos\theta)^4$

したがって　$16(\cos\theta)^4 = 2\cos 4\theta + 4\times 2\cos 2\theta + 6$

$(\cos\theta)^4 = 1/8(\cos 4\theta + 4\cos 2\theta + 3)$

c)

1) $\int_0^a (\cos\theta)^4 d\theta = \int_0^a 1/8(\cos 4\theta + 4\cos 2\theta + 3)d\theta = \left[1/8\{1/4\sin 4\theta + 2\sin 2\theta + 3\theta\}\right]_0^a$

$= 1/8(1/4\sin 4a + 2\sin 2a + 3a) = g(a)$

$1/8(1/4\sin 4a + 2\sin 2a + 3a) = 1$　これより $a = 2.96$（計算機使用）

$(\cos\theta)^4$ は増加関数なので，これが a の唯一の解

IB 問題 3

数学的帰納法を用いて以下の式を証明せよ。ただし n は正の整数
$(\cos\theta + i\sin\theta)^n = \cos n\theta + i\sin n\theta$　ここで $i^2 = -1$, $n \in Z+$（正の整数）

〔2003年上級レベル ペーパー2〕

解
$(\cos\theta + i\sin\theta)^n = \cos n\theta + i\sin n\theta$　① を証明する
　$n = 1$ では　$\cos\theta + i\sin\theta = \cos\theta + i\sin\theta$　よって① は成立

$n = k$ で①が成立すると仮定する。
$(\cos\theta + i\sin\theta)^k = \cos k\theta + i\sin k\theta$
$n = k+1$ では
$(\cos\theta + i\sin\theta)^{k+1} = (\cos\theta + i\sin\theta)^k (\cos\theta + i\sin\theta)$
$= (\cos k\theta + i\sin k\theta)(\cos\theta + i\sin\theta)$
$= \cos k\theta \cos\theta - \sin k\theta \sin\theta + i(\sin k\theta \cos\theta + \cos k\theta \sin\theta)$
$= \cos(k\theta + \theta) + i\sin(k\theta + \theta) = \cos(k+1)\theta + i\sin(k+1)\theta$
よって $n = k+1$ でも成立する。
したがって①式はすべての n がすべての正の整数に対して成立する。

IB 数学 4

$(Z+Z^{-1})^5$ を 2 項定理で展開し，その結果を用いて，
$(\cos\theta)^5 = (A\cos 5\theta + B\cos 3\theta + C\cos\theta)/16$ となる A, B, C を求めよ。
ただし A, B, C は正の整数とする。

〔2003 年上級レベル ペーパー 2〕

解

2 項定理を用いて展開する。

$(Z+Z^{-1})^5 = Z^5 + 5Z^3 + 10Z + 10Z^{-1} + 5Z^{-3} + Z^{-5}$

$= Z^5 + Z^{-5} + 5(Z^3 + Z^{-3}) + 10(Z + Z^{-1})$

ここで $Z = \cos\theta + i\sin\theta$ とおけば ド・モアブルの定理より

$Z^5 + Z^{-5} = (\cos 5\theta + i\sin 5\theta) + (\cos(-5\theta) + i\sin(-5\theta))$

$\qquad\quad = \cos 5\theta + i\sin 5\theta + \cos 5\theta - i\sin 5\theta = 2\cos 5\theta$

$Z^3 + Z^{-3} = 2\cos 3\theta \quad Z + Z^{-1} = 2\cos\theta$ であるから

$(2\cos\theta)^5 = 32(\cos\theta)^5 = 2\cdot\cos 5\theta + 5\cdot 2\cos 3\theta + 10\cdot 2\cos\theta$

よって

$(\cos\theta)^5 = 1/16(\cos 5\theta + 5\cos 3\theta + 10\cos\theta)$

これより $A = 1, \ B = 5, \ C = 10$

2-2 ベクトル

2-2-1 ベクトルの足し算・引き算

A. ベクトルって何だろう？

　一言で説明できますか。それができればベクトルとは何かが良く理解できていると言えるでしょう。何でもそうですが，一言で簡単に説明することは大変難しいことです。それが完全に理解できていないと絶対に簡単には説明できません。人はしばしば物事を難しく説明しようとしまいます。それはその人が良く理解できていない証拠です。理解できないからこそ，相手が理解できるようには説明できません。あるいは，自分が良く分かっていないのを相手に悟られないようにするために，難しい理屈を捏ね回すこともよくやられます。
　さて，本題に戻りますと，
ベクトルとは一言で言って，「方向を持った量・強さ」
です。これに対する言葉としてスカラーがあります。これは「量・強さだけで方向を持っていないもの」，と言えます。
　具体的に言えば，
　重力：方向は地球の中心に向かい，大きさが $9.8\,\mathrm{kg\,m/s^2}$ であるベクトル量
　速度：ある定められた方向に向かう速さ，例えば東北東に向かって $50\,\mathrm{m/s}$ で進む風の
　速度　決して100%とは言えませんが，概して速度や加速度のように"度"が付くものはベクトル，速さや重さのように"さ"が付くものはスカラーとしてよい場合が多いと言えます。ただこれには例外もありますから，決して"度" = ベクトルと短絡しないでください。あくまでも目安です。

B. ベクトルの基本演算

　今までの計算で充分なのに，なぜわざわざベクトルなんて新しい概念を導入するのでしょうか。それは"ベクトルを使えば計算がやさしくなる"というメリットがあるためです。
　それでは，どのようにやさしくなるのでしょうか？簡単に言えば足し算・引き算・掛け算・割り算などの四則演算が"お絵かき演算"になってしまうのです。
　では実際にその"お絵かき演算"を説明しましょう。

　ベクトルの定義からすれば，大きさと方向で決められる値ですから，それさえ一致すれば同じベクトルと言えます。これが今までにない新しい概念です。つまり，あるベクトルを平行移動したものは全て同じベクトルなのです。

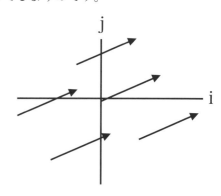

先の図中に示される 5 つの矢印は大きさ (矢の長さ) と方向が同じですから，始点終点の位置に係わらず，全て同じベクトルです。

ここで，ベクトルでは座標が x 軸，y 軸ではなく，i 軸，j 軸で表わされているのに気が付きましたか。

ベクトルではどの点からどの点までというのは重要ではなく，i 軸上で + にいくつ，j 軸上で – いくつ，という移動幅が重要となるので，その区別をするために x，y 軸の代わりに i，j 軸を使うのです。

（1）足し算

ではまず足し算から行きましょう。ベクトル A とベクトル B を足します。A と B はそれぞれ平行移動させて A'，B' となります。

もちろん A = A', B = B' です。ベクトル A と B の足し算は右の図で示すように，A (A') ベクトルの先端から B (B') ベクトルの先端まで引けばそれが A + B ベクトルとなります。

もう一つの方法としては右の図で示すように，A と B で作る平行四辺形を描きその A，B の根元から，平行四辺形のもう一方にある頂点へとベクトルを引けば良いのです。

結果は上と同じになります。

以上の足し算を今度は座標で考えてみましょう。

今 A $(a_{1i} + b_{1j})$，B $(a_{2i} + b_{2j})$ としますと，A+B $((a_1 + a_2)_i + (b_1 + b_2)_j)$ となります。

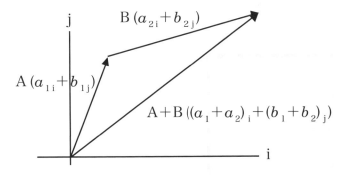

（2）引き算

今度は引き算をやって見ましょう。A – B はどうなるのでしょうか。

一つの考え方として，A に (–B) を足す，というやり方があ

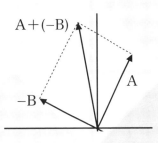

ります。この方法を前ページの図に示します。

次に引き算の考え方を使った方法でやってみます。引き算をするのに引き算の考え方を使うというのも何か変な響きはあります。

さて，Bの先端からAの先端へと行くベクトルCを描きます。そうすると矢印の関係から

B + C = A

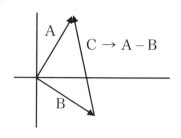

となり，これより C = A − B が得られ，A − B ベクトルが求まりました。

これは上の場合に求めた A − B ベクトルと完全に一致します。

実際に覚えるのはこの方が簡単です。引く方のベクトルBの先端から引かれる方のベクトルAの先端に向かって矢印を引けばよいのです。

2-2-2 ベクトルの掛け算

ベクトルどうしの掛け算にはスカラー積とベクトル積の2通りあります。

スカラー積というのは掛けた結果がスカラー量となるもの，ベクトル積とは掛けた結果がベクトル量になる，それが違いです。何か釈然としないものを感じるでしょう？大丈夫です，それで普通なのです。なぜ上の説明を読んで「ああそうか」と思えないのでしょう。それは，これまで習った算数や数学では，「掛け算」はあくまで掛算であって，それが1）の場合の掛け算，2）の場合の掛け算などというおかしな話は出てこなかったからです。

ところがベクトルでは，「掛け算」の意味が違います。ベクトルでいう「掛け算」はあくまでも2つのベクトルに"ある"処理をしたら結果はこうなる，それをスカラー積と呼ぼう，もう一つの処理をしたら結果がああなる，それをベクトル積と呼ぼう，そのようにある数学者が頭の中で考えた計算処理なのです。ですから今までのような"ある数を別の数だけ倍する"という掛け算ではないのです。

どうですか，これで少しは「もやもや」が晴れましたか？

でもまだこれだけの説明では，そうした「掛け算」がどんなものかは分かりませんね。では各々についてこれから分かるように説明します。

1　スカラー積

2つのベクトルを掛け合わせた結果がベクトルではなくスカラーとなるように特に定めた演算をスカラー積，あるいは計算の表記方法からドット(点)プロダクト(積)とも言い表します。つまりもともと大きさと方向とを持ったベクトル量を互いに掛け合わせた結果，大きさだけで方向を持たない量（数値）となる掛け算（演算）です。

それでは具体的にこの掛け算をしてみましょう。

2つのベクトル，AとBとを考えます。そして
この2つのベクトルのスカラー積を次のように定義します。

A・B ＝ ｜A｜ × ｜B｜ cos Φ

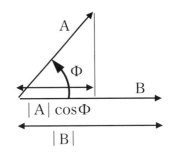

こうすれば，この演算はベクトルAの長さのベクトルBへの投影した長さ，｜A｜cos Φ とベクトルBの長さ｜B｜とを掛け合わせたものであることが分かります。つまり，もう方向は持たずに大きさだけの数となるのです。

さて，今度はベクトルBの長さをベクトルA上に投影した長さ｜B｜cos Φ にベクトルAの長さ｜A｜を掛けてみます。

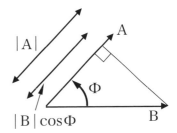

B・A ＝ ｜B｜ cos Φ × ｜A｜
　　 ＝ ｜A｜｜B｜ cos Φ ＝ A・B

つまりスカラー積ではどちらのベクトルを先に掛けようと結果は同じです。

でも一体何ゆえにこんな演算（掛け算）を考えたのか，不思議に思いますか。
普通の掛け算と違って，これは実際に起きる事象を演算に表したものではないので，今ひとつこの掛け算がどんな意味を持つのか"実感"が得られません。とりあえず硬いことは言わずに，このように定義された演算なのだ，ということでこの場は私に免じて納得してください。

では，さらに次へと進みましょう。

スカラー積は成分表示を使って別の方法でも計算できます。
今度はそれをやってみましょう。
いま2つのスカラーが次の成分を持っているとします。

A(a_1, a_2, a_3)　A ＝ $a_{1i} + a_{2j} + a_{3k}$
B(b_1, b_2, b_3)　B ＝ $b_{1i} + b_{2j} + b_{3k}$

するとスカラー積A・Bは次のように計算できます。

$A・B = a_1 \times b_1 + a_2 \times b_2 + a_3 \times b_3$

先ほどの計算から $A \cdot B = |A| \times |B| \cos \Phi$
となることが分かっていますから

$$A \cdot B = a_1 \times b_1 + a_2 \times b_2 + a_3 \times b_3 = |A| \times |B| \cos \Phi$$

この式は大変重要な関係を示します。この式から2つのベクトルA，Bのなす角度Φが求められるからです。
つまり

$$\Phi = \arccos \frac{a_1 \times b_1 + a_2 \times b_2 + a_3 \times b_3}{|A| \times |B|}$$

実際に例で試してみましょう。

$A = 2i + j - 3k$　　$B = -i + 4j + 2k$　　この2つのベクトルの交角Φを求めます。

$$\cos \Phi = \frac{2 \times (-1) + 1 \times 4 + (-3) \times 2}{\sqrt{2 \times 2 + 1 \times 1 + (-3) \times (-3)} + \sqrt{(-1) \times (-1) + 4 \times 4 + 2 \times 2}}$$

$$= \frac{-2}{\sqrt{14} \times \sqrt{21}} = \frac{-2}{\sqrt{294}}$$

したがって $\Phi = \arccos \dfrac{-2}{\sqrt{294}}$

このようにして2つのベクトルA，Bの交角Φが求まりました。
　今ここで上の（1）式で分子がたまたまゼロとなる場合を考えてみましょう。これはcosineがゼロになる場合だから，2つのベクトルが直行状態になっている状態です。
　もうひとつのケースとして，（1）の値が1もしくは−1となる場合を考えよう。これはもうすぐに分かりますね。1ならば平行でかつ同じ方向。−1ならば平行で逆向きのベクトルというわけです。
　以上でベクトルのスカラー積の説明が終わりました。

　このスカラー積は次に出てくるベクトル積に比べると比較的やさしいのですが，問題の出し方がたくさんあるので,試験問題としてはベクトル積よりも遥かにたくさん出てきます。
　スカラー積のコンセプトをいかにきちんと理解できているかが，出される問題を解けるかどうかの鍵となります。
　では，実際に問題をやってみましょう。

スカラー積応用問題　→ IB試験の定番ともいえる問題です。

（1）航行する船が灯台に最も近づく際の距離とその位置を求める問題

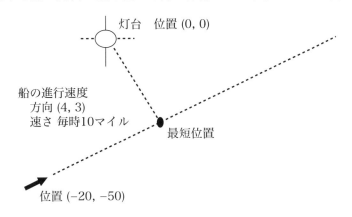

解

t 時間後に最短距離に到達するとして，その位置を t で表す。一時間に進む x，y 方向の距離は方向 (4, 3) の単位ベクトルが 1/5 (4, 3) であることより 10 × 1/5 (4, 3) つまり 2 (4, 3) だから

　x 座標　$-20 + 8t$
　y 座標　$-50 + 6t$

この点の位置ベクトルは $(-20 + 8t, -50 + 6t)$，これは灯台からの最短距離だからこの位置ベクトルと船の航行方向ベクトルとは直交する。したがってスカラー積はゼロ。

　$(-20 + 8t) \times 4 + (-50 + 6t) \times 3 = 0$　これより $t = 4.6$ 時間

よって x 座標 16.8　　y 座標 -22.4　灯台からの距離はピタゴラスの定理から
$D = \sqrt{(16.8)^2 + (22.4)^2} = 28$ マイル

（2）ロケットがエンジン噴射により進路を変える問題

方向 (1, 3, 5)，速さ毎秒 1km で推進していたロケットが，ある時点で推進エンジンを違う方向に向けて噴射した結果，その後方向 $(-1, 2, 6)$，速さ毎秒 2km で進むようになった。噴射によりこのロケットが得た推力のベクトル（方向，速さ）を求めよ。

解

従来の航行ベクトル A に推力ベクトル B が加わって最終的な方向ベクトル C となったのだから，

A + B = C　推力ベクトル B = C − A = 2・(−1, 2, 6) − 1・(1, 3, 5) = (−3, 1, 7)

速さ $V = \sqrt{(-3)^2 + 1^2 + 7^2} = \sqrt{59}$　方向 (−3, 1, 7)　速さ 毎時 $\sqrt{59}$ km

2. ベクトル積

2つのベクトルを掛け合わせた結果が，今度はスカラーではなくベクトルとなるように特に定めた演算をベクトル積と言い表します。つまり，大きさと方向とを持ったベクトル量を互いに掛け合わせた結果が，大きさと方向を持つベクトル量となる掛け算（演算）です。

それでは具体的にこの掛け算をしてみましょう。
今2つのベクトル A, B を考えます。

そうすると，A, B のベクトル積は右の図に示すように，方向が A と B の両方に直交し，つまり A と B がつくる面に垂直で，大きさは，A と B がつくる平行四辺形の面積と定義します。
結果がこのように定義される演算をベクトル積と名付けます。よろしいですか？
ベクトル積の結果がどのようになるか，これでイメージがつかめましたね

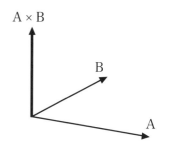

スカラー積では掛け算の順番を変えても結果は変わりませんでしたが，ではベクトル積ではどうなるのでしょうか。そうです，<u>ベクトル積では掛け算の順番が変わると結果も変わります</u>。それを右の図に示します。

どこが変わったか，すぐ分かりますね。そうです。大きさは変わらずに向きが反対になりました。ベクトル積でできるベクトルの向きは右ねじと同じ，と覚えましょう。つまり，A 掛ける B ならば A から B へとネジを回したときにネジが進む方向がベクトル積の結果できるベクトルの方向です。B 掛ける A とすれば当然向きは反対となります。

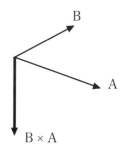

それでは実際の計算へと進みましょう。
二つのベクトル，A, B のベクトル積を計算します。

$A = 2i + j − 3k$　　$B = −i + 4j + 2k$

$A \times B = \begin{vmatrix} i & j & k \\ 2 & 1 & -3 \\ -1 & 4 & 2 \end{vmatrix} = (1 \times 2i + (-3) \times (-1)j + 2 \times 4k) - ((-3) \times 4i + 2 \times 2j + (-1) \times 1k)$

$$= 10i + 7j + 7k$$

行列式（マトリクス）の計算方法はもう分かっていますよネ!?
まだ分かっていない人のために，ここでもう1回説明します。

Special for you !!

$$\begin{vmatrix} a_1 & a_2 & a_3 \\ b_1 & b_2 & b_3 \\ c_1 & c_2 & c_3 \end{vmatrix} = (a_1 \times b_2 \times c_3 + a_2 \times b_3 \times c_1 + a_3 \times b_1 \times c_2) \\ - (a_3 \times b_2 \times c_1 + a_2 \times b_1 \times c_3 + a_1 \times b_3 \times c_2)$$

掛けるのは常に3個の数で，それを斜めに掛けます。

$$\begin{vmatrix} a_1 & a_2 & a_3 \\ b_1 & b_2 & b_3 \\ c_1 & c_2 & c_3 \end{vmatrix} = (a_1 \times b_2 \times c_3 + a_2 \times b_3 \times c_1 + a_3 \times b_1 \times c_2)$$

$$\begin{vmatrix} a_1 & a_2 & a_3 \\ b_1 & b_2 & b_3 \\ c_1 & c_2 & c_3 \end{vmatrix} = -(a_3 \times b_2 \times c_1 + a_2 \times b_1 \times c_3 + a_1 \times b_3 \times c_2)$$

つまり ↘ がプラスで ↗ がマイナスです。

もうこれで完全に分かりましたね。

ここでベクトル積の結果の絶対値，つまり大きさを考えて見ましょう。演算結果がベクトルとなるのですから，その絶対値はベクトルの矢の長さです。

$$|A \times B| = |A| \times |B| \sin \Phi$$

となります。これは2つのベクトルAとBとが作る平行四辺形の面積にほかなりません。

ここまで来て漸くベクトル積の正体が明らかになってきました。

2つのベクトルのベクトル積とは，大きさが

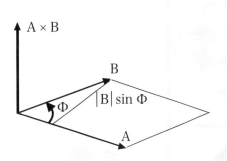

2つのベクトルで作る平行四辺形の面積に等しく 向きが，その平面に垂直（右ネジの方向）なベクトルにほかなりません。

どうですか，かなりすっきりしたでしょう。

さて，ベクトル積に関する出題ですが，残念ですが（あるいは幸運なことに）ベクトル積の問題は大してありません。問題が作りにくいのがその理由です。

今まで見た問題のなかで，比較的難しいと思った良い問題を一つだけ挙げておきましょう。

問題

それぞれが互いに直交しない3つのベクトル，A，B，Cで形作られる平行6面体の体積Vは以下となることを証明しなさい。

$$V = (A \times B) \cdot C$$

解

AとBのベクトル積 A × B はこの平行6面体の底面積となる。

ベクトル (A × B) は底面積の法線ベクトルとなるから，ベクトルCとのスカラー積はベクトル (A × B) とベクトルCとで作る角度を θ とすると，

$(A \times B) \cdot C = |(A \times B)| \cdot |C| \cos \theta$ = (A × B)・ベクトルCの底面積に垂直方向の投影距離（つまり高さ）= 底面積の大きさ × 高さ = 平行6面体の体積

2-2-3 線と面のベクトル表示

ベクトルで表される線と面

線や面を直交座標系 x, y, z の3成分で表示する方法はすでに学んでいます。

例えば線は，

$$\frac{x-1}{2} = \frac{y-2}{3} = \frac{z+4}{1} \quad \text{直線の方程式}$$

というような表示方法で表わされます。
ん！ここで頭を傾げ始めるようでしたら問題ですぞ!!
それでは，面はどうやって表したでしょうか。

$2x + 3y - z = 5$　　　面の方程式

そう，こうやって表しました。
こ，こ，これも分かりませんか?? 良いでしょう，とりあえず先に進みましょう。この節が終わる頃には分かるようになるはずです。

1. 直線のベクトル表示

ベクトルVに平行な直線上の任意点をRとすれば、
OR = OA + λV

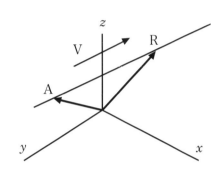

ここでλを任意の実数とすれば，Rはこの直線上の全ての点を取れることになる。つまりこのベクトルは直線ABを表したことになる。

それではこのベクトル（方程式）と上記の直線の方程式との関係を調べてみましょう。
今，A点の座標を (a_1, a_2, a_3)，R点の座標を (x, y, z)，ベクトルVの成分を (v_1, v_2, v_3) とします。

$$\begin{vmatrix} x \\ y \\ z \end{vmatrix} = \begin{vmatrix} a_1 \\ a_2 \\ a_3 \end{vmatrix} + \lambda \begin{vmatrix} v_1 \\ v_2 \\ v_3 \end{vmatrix}$$

これをバラすと，
$x = a_1 + \lambda\, v_1$
$y = a_2 + \lambda\, v_2$
$z = a_3 + \lambda\, v_3$

となり，それぞれを $\lambda =$ の形に直して繋げると

$$\frac{x - a_1}{v_1} = \frac{y - a_2}{v_2} = \frac{z - a_3}{v_3}$$

の方程式が得られます。さあこれで，先ほどの直線の方程式の意味が分かったでしょう。

つまりあの式は点 (1, 2, −4) を通り，傾きが (2, 3, 1) の直線だったというわけです。
ではこの逆をやってみましょう。最初に出てきた直線の方程式をベクトル方程式に直してみましょう。もう簡単ですね。

$$\begin{vmatrix} x \\ y \\ z \end{vmatrix} = \begin{vmatrix} 1 \\ 2 \\ -4 \end{vmatrix} + \lambda \begin{vmatrix} 2 \\ 3 \\ 1 \end{vmatrix}$$

あるいは

OR = OA + λ V

ここで OR (x, y, z), OA $(1, 2, -4)$, V $(2, 3, 1)$

それでは本当に理解できたかどうかチェックしましょう。

問題 1 点 (1, −2, 4) を通り傾きが (−1, 3, −3) の直線を直交座標系方程式とベクトル方程式の２つで表せ。

解

$$\frac{x-1}{-1} = \frac{y+2}{3} = \frac{z-4}{-3}$$

$$\begin{vmatrix} x \\ y \\ z \end{vmatrix} = \begin{vmatrix} 1 \\ -2 \\ 4 \end{vmatrix} + \lambda \begin{vmatrix} -1 \\ 3 \\ -3 \end{vmatrix}$$

簡単な問題でした。

問題 2 次の直線の方程式をベクトル方程式で表せ。

$$\frac{-x+2}{1} = \frac{2y+1}{0.5} = \frac{-2z-4}{-3}$$

解
　基本はあくまでも分子の x, y, z の係数が全て 1 となるように方程式を書き直すことです。つまりこうなります。

$$\frac{x-2}{-1} = \frac{y+0.5}{0.25} = \frac{z+2}{1.5}$$

$$\begin{vmatrix} x \\ y \\ z \end{vmatrix} = \begin{vmatrix} 2 \\ -0.5 \\ -2 \end{vmatrix} + \lambda \begin{vmatrix} -1 \\ 0.25 \\ 1.5 \end{vmatrix}$$

(2, −0.5, −2) 点を通り,傾き (−4, 1, 6) の直線となりました。ここで傾きは通常,<u>最も簡単な整数比</u>とすることに注意してください。

2. 面のベクトル表示

では次に面をベクトルで表示してみましょう。

ある面 Q にある 1 点 A を通り,この面上にある任意の点を R とすれば,ベクトル OR は次の式で表される。

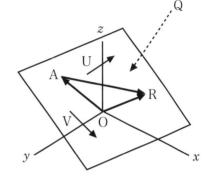

OR = OA + AR

今,この面 Q 上にある 2 つの任意のベクトルを U, V とすれば ベクトル AR はこの 2 つのベクトル U, V によって次のように表される。

AR = α U + β V

これより,この面を表すベクトル OR は次の式で表される。

OR = OA + AR = OA + α U + β V

ここで α,β は任意の実数。

成分表示で表せば

$$\begin{vmatrix} x \\ y \\ z \end{vmatrix} = \begin{vmatrix} a_1 \\ a_2 \\ a_3 \end{vmatrix} + \alpha \begin{vmatrix} u_1 \\ u_2 \\ u_3 \end{vmatrix} + \beta \begin{vmatrix} v_1 \\ v_2 \\ v_3 \end{vmatrix}$$

これで面をベクトル方程式で表示できたことになります。
ではここで一つ確認問題をやってみましょう。

問題1 3点, E (0, 1, 1), F (2, 1, 0), G (-2, 0, 3) を含む面をベクトル方程式で表せ。

解

まず3点のうちから，上の式に相当する一点Aを選びましょう。E, F, Gのうちどれでも好きなものを選んで構いません。最初のEにしましょうか。

次に，ベクトルUとVですが，EFをU，EGをVとしましょう。他の選び方でももちろん構いません。

そうするとこの面のベクトル方程式は次のようになります。

$$\begin{vmatrix} x \\ y \\ z \end{vmatrix} = \begin{vmatrix} 0 \\ 1 \\ 1 \end{vmatrix} + \alpha \begin{vmatrix} 2-0 \\ 1-1 \\ 0-1 \end{vmatrix} + \beta \begin{vmatrix} -2-0 \\ 0-1 \\ 3-1 \end{vmatrix}$$

簡単にして

$$\begin{vmatrix} x \\ y \\ z \end{vmatrix} = \begin{vmatrix} 0 \\ 1 \\ 1 \end{vmatrix} + \alpha \begin{vmatrix} 2 \\ 0 \\ -1 \end{vmatrix} + \beta \begin{vmatrix} -2 \\ -1 \\ 2 \end{vmatrix}$$

これがこの面のベクトル方程式です。

では次に，直線と時と同じようにして，このベクトル方程式を直交座標系の方程式に直してみましょう。

ベクトル方程式の成分表示から，

$x = 0 + 2\alpha - 2\beta$

$y = 1 \qquad\quad - \beta$

$z = 1 - \alpha + 2\beta$

の連立方程式が得られます。これからαとβを消去して，x, y, zだけの式に書き換えると，

$x + 2y + 2z = 4$ 　　　(a)

これが面の方程式です。形だけ考えると直線の式よりは簡単ですね。

せっかく求めた方程式ですから，これについてもう少し考えてみましょう。

今 (a) はベクトルのスカラー積を使うとベクトルOR (x, y, z) とベクトルW(1, 2, 2) とのスカラー積 OR・W で次のように表示されます。

$$\begin{vmatrix} x \\ y \\ z \end{vmatrix} \begin{vmatrix} 1 \\ 2 \\ 2 \end{vmatrix} = 4 \quad \text{つまり} \quad \text{OR·W} = 4$$

いまこの平面に垂直なベクトルを W とすれば, ベクトル W の方向は $(1, 2, 2)$ となります。
それを証明しましょう。

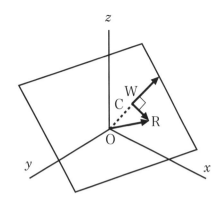

ベクトル W が面 Q と交わる点を C とすれば,
ベクトル CR とベクトル W とは直交するので

CR·W = 0

CR = OR − OC = OR − δ W

ここで δ は任意の実数とします。そうすれば,
CR·W = (OR − δ W)·W = OR·W − δ W·W = 0

− δ W·W はスカラー積ですからある定まった数, 例えば θ と書くことができます。

これより OR·W = θ

が求まりました。つまり, 面に垂直なベクトルを W とすれば,
その面のベクトル方程式は

OR·W = θ

で表せる事になります。問題1を解いたときに求まった面のベクトル方程式は, その式の中に, その面の方向 (面に垂直なベクトルの方向) の情報を持っていたことになります。

2-2-4　ベクトルで解く面と線, 面と面との関係

(1) 面と直線との交点

問題　Find where the line from $A(2, 7, 4)$, perpendicular to the plane Q, $3x − 5y + 2z + 2 = 0$, meets plane Q

要するに点 A から平面 Q に対して垂直に引いた線が平面 Q と交わる点の座標を求めよ，という問題です。

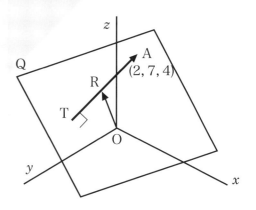

解

この垂直に引いた線が面と交わる点を T とします。そうするとベクトル AT の方程式は 1 点 A を通って方向が (3, −5, 2) のベクトルであるから、

$$OR = \begin{vmatrix} 2 \\ 7 \\ 4 \end{vmatrix} + \alpha \begin{vmatrix} 3 \\ -5 \\ 2 \end{vmatrix}$$

このベクトル（線）上にある点 T は同時に平面 Q 上にもあることから，T (x, y, z) は面の方程式 $3x − 5y + 2z + 2 = 0$ も満たすはずである。

従って，OR の座標 $(2 + 3\alpha, 7 − 5\alpha, 4 + 2\alpha)$ を平面の方程式に代入してそれを満たす α を求めると，

$3(2 + 3\alpha) − 5(7 − 5\alpha) + 2(4 + 2\alpha) + 2 = 0$

これより $\alpha = 0.5$

この値を OR の座標に戻すと T(3.5, 4.5, 5) が求まる。

(2) 面と直線との交角

問題 Find the angle between the plane $3x + 4y − 5z = 6$ and line

$$OR = \begin{vmatrix} 2 \\ 4 \\ 8 \end{vmatrix} + \alpha \begin{vmatrix} 1 \\ 5 \\ -3 \end{vmatrix}$$

これは説明するまでもありません。早速解いてみましょう。

解

この面に垂直なベクトル N の成分は (3, 4, −5)。したがってこのベクトル N とこの直線とが成す角度を θ_1 とすれば，直線と平面とがなす角は $90° − \theta_1$ となる。
　2 つのベクトルがなす角はスカラー積を使えば求められる。
　直線のベクトル L (1, 5, −3)

面の法線ベクトル N (3, 4, −5)

$$\cos \theta_1 = \frac{L \cdot N}{|L||N|} = \frac{3 + 20 + 15}{\sqrt{35}\sqrt{50}}$$

これより $\theta_1 = 24.7°$

よって求める面と直線との交角は $90 - 24.7 = 65.3°$

(3) 面と面との交わり

問題 Find the equation of the common line (line of intersection) of the two planes,
 Q : $3x - y - 5z = 7$ S : $2x + 3y - 4z = -2$

要するに2つの平面が交わる直線（太線 L）の方程式を求めよ，という問題。

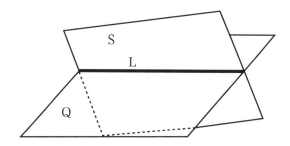

解

面 Q の法線ベクトル NQ は $(3, -1, -5)$

面 S の法線ベクトル NS は $(2, 3, -4)$

したがって両面が共有する交線 L はベクトル NQ と NS の2つと直交するはずである。なぜならば L は面 Q 上の線だから面 Q に垂直なベクトル NQ と直交。同様にして L はベクトル NS とも直交。

これより直線 L の方向は NQ と NS のベクトル積でできるベクトルと一致する。

$$NQ \times NS = \begin{vmatrix} i & j & k \\ 3 & -1 & -5 \\ 2 & 3 & -4 \end{vmatrix} = 19i + 2j + 11k$$

これで方向はわかったが，直線の方程式を求めるには，あとこの直線上にある1点の座標が必要。

今，Q : $3x - y - 5z = 7$, S : $2x + 3y - 4z = -2$

ここで $x = 0$ を代入すると

 Q : $-y - 5z = 7$, S : $3y - 4z = -2$

2つの連立方程式を解くと，$y = -2$, $z = -1$ よってこの直線上の点 $(0, -2, -1)$ が求められた。ここでもし $x = 0$ を入れて y, z が求められない場合には，x の代わりに $y = 0$ を入れて，そのときの x, z を求めればよい。

直線上の1点とその方向がわかったから，この直線の方程式はもう書けます。

$$\mathrm{OR} = \begin{vmatrix} 0 \\ -2 \\ -1 \end{vmatrix} + \alpha \begin{vmatrix} 19 \\ 2 \\ 11 \end{vmatrix}$$

これが答です。

（4）面と点の距離

原点からある平面 Q までの距離を考えてみましょう。

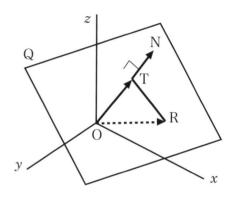

この平面の法線ベクトルを N，平面上の任意点を R とします。

この平面は $2x + 3y - z = 1$ で表されるとすれば，ベクトル表示では

$$\mathrm{OR} \cdot \begin{vmatrix} 2 \\ 3 \\ -1 \end{vmatrix} = 1$$

今，求めたいのはベクトル OT の長さ。これはベクトル OR のベクトル OT 上への投影です。

したがって，

$$|\mathrm{OT}| = \frac{\mathrm{OR} \cdot \mathrm{ON}}{|\mathrm{ON}|} = \frac{1}{\sqrt{2^2 + 3^2 + (-1)^2}} = \frac{1}{\sqrt{14}}$$

$$= \frac{\sqrt{14}}{14}$$

これが原点と平面 Q との間の距離となります。

では早速問題を解いてみましょう。

問題 Find the distance between the two parallel planes,

$Q: 2x - y + 4z = 2$, $S: -4x + 2y - 8z = -4$

2つの平行な平面間の距離を求める問題です。一番簡単な解き方は、原点からのそれぞれの平面への距離を求めて、その差を計算する方法です。

解
1) 原点から平面Qまでの距離 OQ

$$\left| OQ \right| = \frac{OR \cdot ON}{\sqrt{2^2 + (-1)^2 + 4^2}} = \frac{2}{\sqrt{21}} = \frac{2\sqrt{21}}{21}$$

2) 原点から平面sまでの距離 $\left| OS \right|$

$$\left| OS \right| = \frac{OR \cdot ON}{\sqrt{(-4)^2 + 2^2 + (-8)^2}} = \frac{-4}{\sqrt{84}} = \frac{-4}{2\sqrt{21}} = \frac{-2\sqrt{21}}{21}$$

したがって2つの面間の距離は、

$$\frac{2\sqrt{21}}{21} - \frac{-2\sqrt{21}}{21} = \frac{4\sqrt{21}}{21}$$

となりました。ここで距離を求めたときにOSの方は符号がマイナスとなりましたがこれは、平面Sが原点から見て裏側、つまりマイナスの方にあって、平面Qはプラス側にある、ということです。絶対値が同じですので原点からの距離自体はは2つの平面とも同じでした。

ついでにもう一つ問題を解いてみましょう。

問題 Find the distance from the point $(3, -2, 6)$ to the plane $3x + 4y - 5z = 21$

点 $(3, -2, 6)$ から面 $3x + 4y - 5z = 21$ までの距離を求めよ、という問題です。これはすぐ前にやった解き方の応用です。つまり、この面に平行で点 $(3, -2, 6)$ を通る平面を求めます。

あとはこの2つの面間の距離を求めればよいのです。

点 $(3, -2, 6)$ を通り、面 $3x + 4y - 5z = 21$ に平行な面の方程式は、面の方程式に、x, y, z の値を代入して

$3 \cdot 3 + 4 \cdot (-2) - 5 \cdot 6 = -29$

したがってこの平面の方程式は $3x + 4y - 5z = -29$

(1) この平面と原点との距離

$$\left| OQ \right| = \frac{-29}{\sqrt{3^2 + 4^2 + (-5)^2}} = \frac{-29}{\sqrt{50}} = \frac{-29\sqrt{2}}{10}$$

(2) 最初の面と原点との距離

$$\left| OS \right| = \frac{21}{\sqrt{3^2 + 4^2 + (-5)^2}} = \frac{21}{\sqrt{50}} = \frac{21\sqrt{2}}{10}$$

したがって2つの面間の距離は,

$$\frac{21\sqrt{2} - (-29\sqrt{2})}{10} = 5\sqrt{2}$$

と求まりました。

練習問題

(1) 以下に示される直線と面とで作られる交角を求めよ。

$$OR = \begin{vmatrix} 2 \\ -3 \\ 1 \end{vmatrix} + \alpha \begin{vmatrix} 4 \\ 2 \\ -5 \end{vmatrix} \quad 直線$$

$$3x - y + 2z = 11 \quad 面$$

(2) 面の方程式 $3x + 4y - 5z = 20$ を $OR \cdot \underline{N} = D$ の形に書き換えよ。ただし $\underline{N}$ は単位ベクトルとする。それから原点からこの平面までの距離を求めよ。

(3) 3点 A(-2, 3, 5), B(1, -3, 1), C(4, -6, -7) が面 Q 上にあるとする。
1) ベクトル積 AC × BC を求めよ。
2) それを用いて,あるいは他の方法で平面 Q の方程式を $OR \cdot N = p$ の形で求めよ。
3) 点 (25, 5, 7) から平面 Q におろした垂線は平面上の点 F で平面と交わるとき,点 F の座標を求めよ。

(4) 平面 Q と線 L が以下の方程式で表されるとして

Q : $OR = i - j + \alpha (i + k) + \beta (j - k)$

L : OR = (i – 2j + k) + δ (2i – j)

1）平面 Q の法線ベクトルを求めよ。
2）平面 Q と直線 L とがなす交角の内，鋭角のサインは $1/5 \times \sqrt{15}$ となることを示せ。

（5）平面 Q と直線 L_1，L_2 が次の式で定義されるとき，

Q : $x + 2y - z = 5$

$L_1 : \dfrac{x-11}{-4} = \dfrac{y+2}{2} = \dfrac{z+8}{5}$ $L_2 : \dfrac{x-1}{1} = \dfrac{y+2}{-3}$, $z = 7$

1）L_1 と L_2 は同一平面内にあることを示せ。
2）L_1 と L_2 が含まれる面 S の式を求めよ。
3）平面 Q と S が交わる直線の式を求めよ。

解

（1）面と直線との交角を θ とおくと，面と法線と直線との交角は $90°-\theta$ で表されるから，

$$\cos(90°-\theta) = \dfrac{4\cdot 3 + 2\cdot(-1) + (-5)\cdot 2}{\sqrt{4^2+2^2+(-5)^2} \cdot \sqrt{3^2+(-1)^2+2^2}} = 0$$

したがって $90°-\theta = 90°$ よって $\theta = 0°$ つまりこの面と直線とは平行関係にある。

（2）

$\begin{vmatrix} x \\ y \\ z \end{vmatrix} \begin{vmatrix} 3 \\ 4 \\ -5 \end{vmatrix} = 20$ $\sqrt{3^2+4^2+5^2} = \sqrt{50}$

$\begin{vmatrix} x \\ y \\ z \end{vmatrix} \begin{vmatrix} 3/\sqrt{50} \\ 4/\sqrt{50} \\ -5/\sqrt{50} \end{vmatrix}$ ← N $= 20/\sqrt{50} = 20/5\sqrt{2} = 4/\sqrt{2} = 2\sqrt{2}$

N が単位ベクトルであるから　距離 $D = 2\sqrt{2}$

(3)

1)
$$\begin{vmatrix} i & j & k \\ 6 & -9 & -12 \\ 3 & -3 & -8 \end{vmatrix} = 72i - 36j - 18k - (36i - 48j - 27k) = 36i + 12j + 9k$$

2)
$$OR \begin{vmatrix} 36 \\ 12 \\ 9 \end{vmatrix} = \begin{vmatrix} B \end{vmatrix} \begin{vmatrix} N \end{vmatrix} = \begin{vmatrix} 1 \\ -3 \\ 1 \end{vmatrix} \begin{vmatrix} 36 \\ 12 \\ 9 \end{vmatrix} = 9$$

$$\begin{vmatrix} x \\ y \\ z \end{vmatrix} \begin{vmatrix} 36 \\ 12 \\ 9 \end{vmatrix} = 9$$

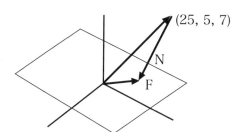

3)
$$\begin{vmatrix} 25 \\ 5 \\ 7 \end{vmatrix} + \alpha \begin{vmatrix} 36 \\ 12 \\ 9 \end{vmatrix} = F$$

$(25 + 36\alpha) \cdot 36 + (5 + 12\alpha) \cdot 12 + (7 + 9\alpha) \cdot 9 = 9$

$\alpha = -338/507$ これより F(1, -3, 1)

(4)
1) $OR = i - j + \alpha(i + k) + \beta(j - k)$ 中の2つの線，その方向余弦が $i + k$ と $j - k$ に直交する線のベクトルを両者のベクトル積から求めると

$$\begin{vmatrix} i & j & k \\ 1 & 0 & 1 \\ 0 & 1 & -1 \end{vmatrix} = k - (i - j) = -i + j + k$$

2) Q と L とで作る角度を θ とすれば

$$\cos(90° - \theta) = \frac{2 \times (-1) + (-1) \times 1 + 0 \times 1}{\sqrt{2^2 + 1^2 + 0^2} \cdot \sqrt{(-1)^2 + 1^2 + 1^2}} = \frac{-3}{\sqrt{15}}$$

θ は鋭角だから $\cos(90° - \theta)$ は絶対値を取ってプラスとし

$$\sin\theta = |\cos(90° - \theta)| = \frac{3 \cdot \sqrt{15}}{15} = \frac{\sqrt{15}}{5}$$

(5)
1) 2つの直線が同一面内にあるということは交わる点が存在するということ。その交点

の座標を (x_1, y_1, z_1) とすれば L_2 から $z=7$ これを L_1 の方程式に代入して，
$x_1 = -1, y_1 = 4$
L_2 の式に $x_1 = -1$ を入れると $y_1 = 4$
よって L_1, L_2 は点 $(-1, 4, 7)$ で交わる。したがって同一平面状にある。

2) この面の法線ベクトルの方向余弦はベクトル積から得られる

$$\begin{vmatrix} i & j & k \\ -4 & 2 & 5 \\ 1 & -3 & 0 \end{vmatrix} = 15i + 5j + 10k \rightarrow 3i + j + 2k$$

$$\begin{pmatrix} x \\ y \\ z \end{pmatrix} \begin{pmatrix} 3 \\ 1 \\ 2 \end{pmatrix} = d \quad \text{この式に } x=1, y=-2, z=7 \text{ を代入して}$$
$(x=11, y=-2, z=-8 でも良い)$

$$\begin{pmatrix} 1 \\ -2 \\ 7 \end{pmatrix} \begin{pmatrix} 3 \\ 1 \\ 2 \end{pmatrix} = 3 - 2 + 14 = 15 \rightarrow d$$

これより求める面の方程式は $3x + y + 2z = 15$

3) $3x + y + 2z = 15$
$x + 2z - y = 5$

求める直線はの Q と S の 2 つの面の方向余弦に垂直な線となるから

$$\begin{vmatrix} i & j & k \\ 3 & 1 & 2 \\ 1 & 2 & -1 \end{vmatrix} = -1i + 2j + 6k - (4i - 3j + k) = -5i + 5j + 5k \rightarrow -i + j + k$$

これで方向余弦は求まった。あとは 2 つの直線の方程式に，たとえば $x = 0$ を代入して

$y + 2z = 15$
$2z - y = 5$　これを解いて $y = 5$　$z = 5$

よって求める直線は点 $(0, 5, 5)$ を通り方向余弦が $-1, 1, 1$ だから

$$\frac{x}{-1} = \frac{y-5}{1} = \frac{z-5}{1}$$

注) $x = 0$ を代入したが，もしだめならば $y = 0$ を代入すればよい。

2-3 統計　IB 数学では本当はこれだけで一冊の本になる範囲です。

前置き

　統計という学問はどのような背景から起こったものでしょうか。これは数学の他の分野と比べると，その起こった背景，理由が大変分かりやすくはっきりしています。統計とはある集団もしくは起こる事象の傾向を比較するための手段です。

　例えばごく簡単な例で，A氏とB氏とで強さを比べてみましょう。

　簡単と思っても最初から大きな疑問が生じます。それはいったい何の強さを比較するのか，ということです。腕力なのか，財力なのか，それとも胆力か，単に強さといったところで実は定義するだけで大変なのです。では単純に戦った時の強さとしてみましょう。まだこれでは不十分です。プロレスラーの体格をしているA氏に対してB氏は身長，体重ともに常人，しかし剣道7段です。ですからこの場合の強さは素手ならばA氏，棒を持ったらB氏ということになります。

　たった一人対一人で比較するのにもこれほどきちんと定義しなければ比較ができないのですから，集団同士の比較はもっと複雑で大変です。

　次の例です。ある学校のA組とB組との集団での数学試験の結果を比較します。最初に思い浮かぶのは平均値ですね。A組の平均値が53点，B組が56点としたら，「B組の方が集団として成績がよい」，そう言い切ってしまって果たして良いのでしょうか。極端な例ですがこんな場合があり得ます。

　得点別人数分布

得点帯域	0-10	11-20	21-30	31-40	41-50	51-60	61-70	71-80	81-90	91-100
A組					7	15	3			
B組		1	2	3	3	3		3		10

　　平均値 A組 53点　B組 56点

　さあ，あなただったら成績が良いのはどちらのクラスとしますか。これは人によって答えが違ってくるでしょう。それでは困ります，いったい何が問題だったのでしょう。

　答えは「集団として成績が上」という定義が曖昧だったからです。「平均値が上のクラスはどちら」という問いでしたら答えは一通りしかありません。もちろんB組です。

　では成績が中位，つまり25人中13番目の子供の成績で比較すればどうでしょう。A組は51-60点の範囲，B組は61-70点の範囲でこれもB組の方が上です。それでは「どちらの組の方が個々の成績にばらつきがないか，つまり成績が上にも下にも偏っていないか」，こういう問いだったら答えはもちろんA組です。

　以上で以下の2つのことが分かりました。

1. 集団同士の特徴，傾向を比較するのは単純でない。どういう基準で比べるかをはっきりさせないと比較はできない。（これは固体同士の比較でも同じです。）
2. 一般的に良く使われる比較基準には 平均値，中間値，偏差（偏り）などがある。

ではこれからそれらの判断基準について学びましょう。

2-3-1 平均値，中間値，四分位 (Quotail)

これらはいずれも昔から経験的に使われてきた原始的な判断基準です。平均値はすでに皆さんご存知でしょうから特に説明はしません。中間値と四分位ですが，以下のグラフを使って説明いたします。

このグラフは人数が37人いるあるクラスの数学の成績を下から順番にプロットしたものです。

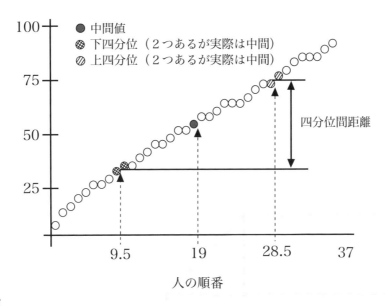

（1）中間値

平均値との違いが理解できれば，中間値の意味が正しくつかめたことになります。下位から上位までを成績順に並べ，ちょうど真ん中の人の成績がこの場合の中間値です。点数で偏りがあれば平均値とは一致しません。

（2）四分位

これは中間ではなく下および上から四分の一の位置にある人の点数です。中間値，と四分位が分かれば，グループ全体としてのごく大雑把な分布状態が分かります。この分布状態というのは平均値からは絶対に求まりません。

（3）四分位間距離

これはグループの真ん中半分がどれだけ広く分布しているか，あるいはどれだけまとま

って分布しているかを示す指標です。上下2つの四分位をまとめて表記するものと思えば遠からずでしょう。これが小さければグループの中央半分はまとまって分布していると言えます。大きければ逆です。

結論：
　要するに中間値，四分位，四分位間距離というのは平均値からは得られない分布状態を把握するための手段として考えられたものなのです。

2-3-2　分散，標準偏差

　集団の特性，特に分布状態を定量的に（つまり広がっているとか狭まっているという曖昧な表現ではなく決まった数字で）表せないかという試みは，分散に基づいて考え出された標準偏差によってついに実現されます。それをこれから説明します。

(1) 分散
　個々の値が平均からどれくらい遠ざかっているかを定め，それをすべて集計すれば分布状態が数字で表せるという観点から考えられた指標です。

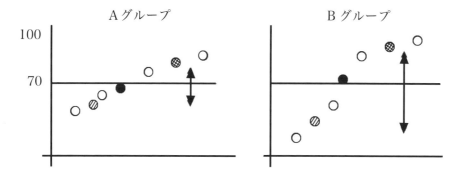

　例えばそれぞれ7人のメンバーで構成されるA，B 2つのグループでの試験の成績を表に表します。個々で両グループともに平均点は70点，黒丸で示された中間値はすでに違いを見せていて，矢印の長さで示された四分位距離はさらに大きく異なっています。
　個々の得点が平均値から外れた量の2乗を計算し，それをすべて足せば集団として平均値からどれだけ離れているか，つまり分散の状態がひとつの数字で定量的に表せます。個々の得点を A_n，$n=1$ から7とすれば

$$分散 = \sum_{n=1}^{7} (70-A_n)^2$$

　ここでなぜ2乗を取ったのでしょう。そのまま足してはいけないのでしょうか。答えは簡単です。2乗せずにそのまま足せば，どのような分布状態でも必ず総和はゼロとなります。

$$\text{分散} = \sum_{n=1}^{7}(70-A_n) = 0$$

平均値の意味を考えれば，これは納得してもらえると思います。これがわからない人は問題です。それもかなり深刻ですぞ！

(2) 標準偏差

この分散を使えば，集団の平均値からの遠ざかり具合，つまり分散状態がかなり的確に把握できるではないですか。ではなぜさらに標準偏差などという指標が必要なのでしょう。じつはこの分散にも大きな弱点があります。例えば7人と100人といった人数が異なる集団同士の比較が，これではできません。この分散で比較できるのはあくまでも構成員の数が同じ場合に限ります。それでは不便なので，構成員の数によらず，つまり小さなグループでも大きなグループでも同じ土俵で一律に比較できるようにと考え出されたのが標準偏差なのです。標準の意味は集団の大きさによらず，標準となりうる数値ということです。以下の標準偏差の式を見れば，どうやってその標準化を図ったかが分かります。

$$(\text{標準偏差})^2 = \frac{1}{n} \times \sum_{n=1}^{7}(70-A_n)^2$$

つまり分散の値を構成員の数で割った値を考えるのです。因みにこういうやり方を正規化する (normalize) と言います。

全員の数が多すぎる場合には計算が煩雑化しますから，そのような場合は全体を得点圏別のグループに分けます。

例えば全体を10点刻みの10のグループとして計算する点を A_n ($n=1$ から10でのグループごとの中央値，例えば50点から60点のグループでは $A_5 = 65$ 点)，つまり10個の異なった点数を対象にし，n 番目の点を取った人数が k_n 人いたとすれば，テストに参加した人の総数は

$$\sum_{n=1}^{10} k_n = M \text{ 人で表せます。}$$

そうすると標準偏差は，それぞれの得点での平均点からの差に人数をかけて，その総和を求め，さらに総人数で割れば

$$(\text{標準偏差})^2 = \frac{1}{M} \times \sum_{n=1}^{10}((70-A_n)^2 \times k_n)$$

と求まります。これで完璧です。

2-3-3 ガウス分布,確率計算

標準偏差という指標ができたおかげで統計の分野はさらに進化します。

実際にはさまざまな分布形態をガウスが専用の関数を作ってモデル化した分布状態,ガウス分布を考え付き,それが確率の世界にまで応用されることになるのです。ガウス分布というのはすでに見たことがあると思いますが,ギリシア語のオメガのような形状をしています。たこの頭の先端にあたる位置が集団の平均値となり,平均値の左右は対象形をしていることから正規分布と称されます。

つまり点数でいえば平均値を上回る集団も下回る集団も同じ分布状態ということです。実際にはこのような分布はまれですが,あくまでも標準モデルということで使います。

では以下にガウス分布関数とそのグラフを描きます。

$$f(x) = \frac{1}{\sqrt{2\pi}\,\sigma} e^{-\frac{(x-m)^2}{2a^2}}$$

ここで m:平均値

σ:分散

このグラフを正規分布曲線と呼び,式中のσ(標準偏差)の値が大きくなるとグラフは寝て広がり,小さくなると立って狭くなります。σが小さいということは分散(各データ間の広がり)が小さいということから,この傾向は理解できるはずです。

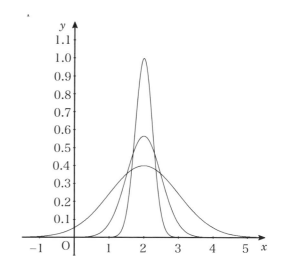

上記の式で m がゼロ,σ が1の場合を標準正規分布と呼び,x 軸上で y 軸を中心に左右対象となる分布となります。

このガウスによる正規分布曲線は統計的に確率を求めるのにたいそう役に立ちます。

この曲線と x 軸とで囲まれる全面積を1として,$x = B$ と $x = C$ とこの曲線とで囲む面識を計算すれば,<u>B から C までの値が取る確率が求まります</u>。

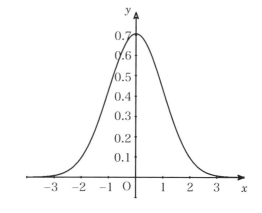

先ほど示したガウスの式中で2つあった変数 m：平均値，σ：分散を X というひとつの変数で置き換えて，この X の値に相当する区域の全体に対する割合をあらかじめ計算して表にしたものをガウス分布換算表と呼びます。たとえば，平均値 m と分散 σ がわかっている集団で，ゼロから M までの領域に属する集団の全体に対する割合を求めようとすれば，

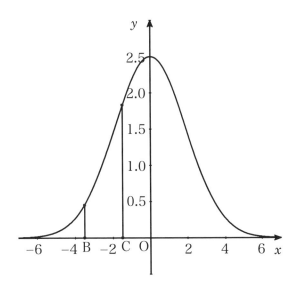

$$X = \frac{M - m}{\sigma}$$

を計算し，その X の値からガウス分布表を使って割合を読み取ればよいのです

例えばある学校でのテストの結果，平均値 m が60点，標準偏差 σ（集団のばらつき具合）が20とすれば，60点から75点まで取った生徒の全体に対する割合は，

$X = (75-60) / 20 = 0.75$

ガウス分布表から0.75に対応する割合を求めると $W = 0.7734$ となります。
つまりゼロ点から75点までの割合は77.34%。正規分布ですからゼロ点から平均点60点までと，平均点から100点までとった人の割合は同じ，つまり0.5ですから平均点から75点までとった人の割合は $0.7734 - 0.5 = 0.2734$

つまりこの集団で平均点60点以上から75点まで取った生徒の割合は全体の27%となるわけです。

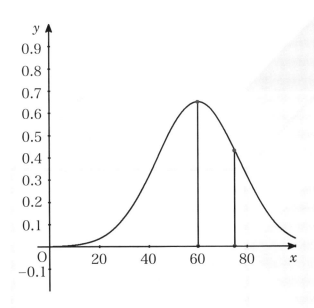

一方このことから 75 点以上取った人の割合は
1 − 0.7734 もしくは 0.5 − 0.2734 = 0.2266
つまり 23% であることがわかります。

70 点から 90 点まで取った生徒の割合も同じようにして求められます。

0 − 90 点までの割合
$X = (90 − 60) / 20 = 1.5$
表から $W = 0.9332$
0 − 70 点までの割合
$X = (70 − 60) / 20 = 0.5$
表から $W = 0.6915$
両者の差 $0.9332 − 0.6915 = 0.2417$
つまり 24 % です。

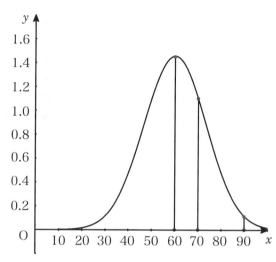

これまでは X が正，つまり対象が平均値より大，分布曲線の右側にある場合でしたが，平均値より小さい場合はどうなるのでしょうか。たとえばゼロから 50 点の場合を考えてみましょう。

$X = (50−60) / 20 = −0.5$

ガウス分布表には X がマイナスの場合はありません。困りました。

心配ありません。この場合はプラスとして W を求めてください。すると上記の場合と同じ $W = 0.6915$ が得られます。ではこれでゼロ点から 50 点まで取った人の割合，69% が求まりました。

ん！何か変ではありませんか。ゼロから 50 点まででしたら平均値より左側ですから明らかに 50% より少ないはずです。→ その通り，よく気がついてくれました。実は X がマイナスの場合は求めた W はゼロではなく最高点の 100 点から 50 点までの割合なのです。ですからこの場合は

$1 − 0.6915 = 0.3084$ つまり 31% が正解となります。

少しわかりづらいかもしれませんが，常に正規分布曲線を頭に描いて，対称点の場所を把握しておけば，このことに気がつくはずです。

問題 -1 今回は原文のみとします。英語の勉強にしてください。

The following diagram shows the probability density function for the random

variable X, which is normally distributed with mean 250 and standard deviation 50.
Find the probability between 180 and 280.

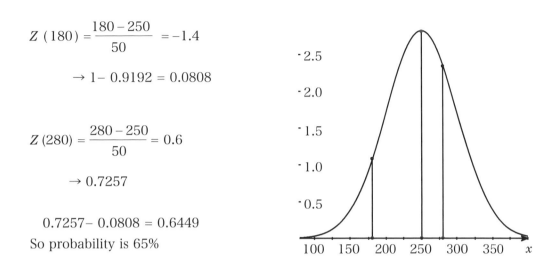

$$Z(180) = \frac{180-250}{50} = -1.4$$

$$\to 1 - 0.9192 = 0.0808$$

$$Z(280) = \frac{280-250}{50} = 0.6$$

$$\to 0.7257$$

$$0.7257 - 0.0808 = 0.6449$$

So probability is 65%

問題 -2 1, 2年生のクラスで数学のテストをした。その結果平均点が65点で, 90点以上取ったひとの割合が5%となった。この場合の分散（標準偏差）を求めよ。

解
90点以上取った人の割合が5%であるから, ガウス分布表を使って,

$$1 - 0.05 = 0.95$$

となるXの値を求める。表より $X \to 1.645$

$$X = \frac{M - m}{\sigma} = \frac{90 - 65}{\sigma} = 1.645$$

これより $\sigma = 15.2$

問題 -3
インフルエンザ ソ連2型がフランスで流行したときの, インフルエンザにかかった人が治るまでの日数を統計に取りました。平均治癒日数は7日, 分散は20であったとします。直るまでに要した日数がZ日以内の人が全体の25%であったとすると, このZ日は何日であったか求めなさい。

解
このような問題もしばしば出題されます。これはガウス分布表の割合から逆にXの値を求め, それからさらにM, mあるいはσを求める問題です。
やってみましょう。
25%ですから$W = 0.25$ 早速困りました。ガウス表ではWは0.5以上です（表によっ

ては 0 から 0.5 までのものもあります)。大丈夫，先ほどの X がマイナスとなるケースなのです。決してパニックに陥ってはいけません。0.25 ではなく $1 - 0.25 = 0.75$ と，代わりに 0.75 をつかえばよいのです。そうすると表から $X = 0.0665$ が求まります。これを X の式に代入し，

$$0.0665 = |(M-7)|/20 \qquad |(M-7)| = 1.33$$

M は 7 より小さいのですから絶対値をはずすときにはマイナスにして $7 - M = 1.33$ したがって $M = 5.67$，つまり 5.7 日が求まりました。

0.25 を 0.75 に変えたので，$M - 7$ ではなく $7 - M$ としなければならないのがこの問題のミソです。

表が 0 から 0.5 までの場合で，W が 0.75 となる場合も同様です。この場合は $1 - 0.75 = 0.25$ として求めればよいのです。

表 ガウス分布換算表

標準正規分布表 N (0, 1) standard normal distribution table)　　z から下側確率 P を求める表

z	+0.00	+0.01	+0.02	+0.03	+0.04	+0.05	+0.06	+0.07	+0.08	+0.09
0.0	0.5000	0.5040	0.5080	0.5120	0.5160	0.5199	0.5239	0.5279	0.5319	0.5359
0.1	0.5398	0.5438	0.5478	0.5517	0.5557	0.5596	0.5636	0.5675	0.5714	0.5753
0.2	0.5793	0.5832	0.5871	0.5910	0.5948	0.5987	0.6026	0.6064	0.6103	0.6141
0.3	0.6179	0.6217	0.6255	0.6293	0.6331	0.6368	0.6406	0.6443	0.6480	0.6517
0.4	0.6554	0.6591	0.6628	0.6664	0.6700	0.6736	0.6772	0.6808	0.6844	0.6879
0.5	0.6915	0.6950	0.6985	0.7019	0.7054	0.7088	0.7123	0.7157	0.7190	0.7224
0.6	0.7257	0.7291	0.7324	0.7357	0.7389	0.7422	0.7454	0.7486	0.7517	0.7549
0.7	0.7580	0.7611	0.7642	0.7673	0.7704	0.7734	0.7764	0.7794	0.7823	0.7852
0.8	0.7881	0.7910	0.7939	0.7967	0.7995	0.8023	0.8051	0.8078	0.8106	0.8133
0.9	0.8159	0.8186	0.8212	0.8238	0.8264	0.8289	0.8315	0.8340	0.8365	0.8389
1.0	0.8413	0.8438	0.8461	0.8485	0.8508	0.8531	0.8554	0.8577	0.8599	0.8621
1.1	0.8643	0.8665	0.8686	0.8708	0.8729	0.8749	0.8770	0.8790	0.8810	0.8830
1.2	0.8849	0.8869	0.8888	0.8907	0.8925	0.8944	0.8962	0.8980	0.8997	0.9015
1.3	0.9032	0.9049	0.9066	0.9082	0.9099	0.9115	0.9131	0.9147	0.9162	0.9177
1.4	0.9192	0.9207	0.9222	0.9236	0.9251	0.9265	0.9279	0.9292	0.9306	0.9319
1.5	0.9332	0.9345	0.9357	0.9370	0.9382	0.9394	0.9406	0.9418	0.9429	0.9441
1.6	0.9452	0.9463	0.9474	0.9484	0.9495	0.9505	0.9515	0.9525	0.9535	0.9545
1.7	0.9554	0.9564	0.9573	0.9582	0.9591	0.9599	0.9608	0.9616	0.9625	0.9633
1.8	0.9641	0.9649	0.9656	0.9664	0.9671	0.9678	0.9686	0.9693	0.9699	0.9706
1.9	0.9713	0.9719	0.9726	0.9732	0.9738	0.9744	0.9750	0.9756	0.9761	0.9767
2.0	0.9772	0.9778	0.9783	0.9788	0.9793	0.9798	0.9803	0.9808	0.9812	0.9817
2.1	0.9821	0.9826	0.9830	0.9834	0.9838	0.9842	0.9846	0.9850	0.9854	0.9857
2.2	0.9861	0.9864	0.9868	0.9871	0.9875	0.9878	0.9881	0.9884	0.9887	0.9890
2.3	0.9893	0.9896	0.9898	0.9901	0.9904	0.9906	0.9909	0.9911	0.9913	0.9916
2.4	0.9918	0.9920	0.9922	0.9925	0.9927	0.9929	0.9931	0.9932	0.9934	0.9936
2.5	0.9938	0.9940	0.9941	0.9943	0.9945	0.9946	0.9948	0.9949	0.9951	0.9952
2.6	0.9953	0.9955	0.9956	0.9957	0.9959	0.9960	0.9961	0.9962	0.9963	0.9964
2.7	0.9965	0.9966	0.9967	0.9968	0.9969	0.9970	0.9971	0.9972	0.9973	0.9974
2.8	0.9974	0.9975	0.9976	0.9977	0.9977	0.9978	0.9979	0.9979	0.9980	0.9981
2.9	0.9981	0.9982	0.9982	0.9983	0.9984	0.9984	0.9985	0.9985	0.9986	0.9986
3.0	0.9987	0.9987	0.9987	0.9988	0.9988	0.9989	0.9989	0.9989	0.9990	0.9990
3.1	0.9990	0.9991	0.9991	0.9991	0.9992	0.9992	0.9992	0.9992	0.9993	0.9993
3.2	0.9993	0.9993	0.9994	0.9994	0.9994	0.9994	0.9994	0.9995	0.9995	0.9995
3.3	0.9995	0.9995	0.9995	0.9996	0.9996	0.9996	0.9996	0.9996	0.9996	0.9997
3.4	0.9997	0.9997	0.9997	0.9997	0.9997	0.9997	0.9997	0.9997	0.9997	0.9998
3.5	0.9998	0.9998	0.9998	0.9998	0.9998	0.9998	0.9998	0.9998	0.9998	0.9998
3.6	0.9998	0.9998	0.9999	0.9999	0.9999	0.9999	0.9999	0.9999	0.9999	0.9999
3.7	0.9999	0.9999	0.9999	0.9999	0.9999	0.9999	0.9999	0.9999	0.9999	0.9999
3.8	0.9999	0.9999	0.9999	0.9999	0.9999	0.9999	0.9999	0.9999	0.9999	0.9999
3.9	1.0000	1.0000	1.0000	1.0000	1.0000	1.0000	1.0000	1.0000	1.0000	1.0000

※ 数値は小数点以下5桁目を四捨五入しています

グループ3
高校数学の御三家

→たくさんの手間隙を掛けて
やっとマスター！
加えて，ちょっとでもやらないと
すぐに忘れてできなくなる
やっかいな単元

3-1 　三角関数
3-2 　微分
3-3 　積分

3-1 三角関数

3-1-1 三角関数事始め，サイン，コサイン，タンジェント

　その昔，昭和40年代半ばの頃に高石友也というフォーク歌手がいて"受験生のブルース"という傑作なヒット曲を作りました。受験生活の世知辛さをユーモラスに歌ったものですが，その歌詞のなかに，「♫ サイン，コサイン何になる。おいらにゃおいらの夢がある ♫」という一節があったのを思い出します。要するに「サイン，コサインなどの三角関数は勉強しても何にも役に立たない。そんなものを勉強しても何になるんだ」ということを訴えたものでした。

　しかし三角関数は本当にそんなに役に立たないものでしょうか。とんでもありません。微分や積分そしてベクトル関数に比べれば，三角関数は遥かに日常生活の中で役に立つ概念です。

　あっ，疑っていますね。ではこれからそのことを証明しましょう。

　直交座標系，英語ではCartesian Coordinateといわれる座標は皆さんすでに分かっていますね。xとy，三次元ならばさらにzが加わって，それぞれが互いに直交する線の組み合わせで座標を示す，つまりある特定の位置を示す仕組みです。

　座標はこれだけでしょうか。いいえ，そんなことはありません。例えば2次元では三角座標があります。それは下の図のように，

原点からの距離rと原点とその点を結ぶ線がx軸と作る角度 θ の2つで表す座標系です。

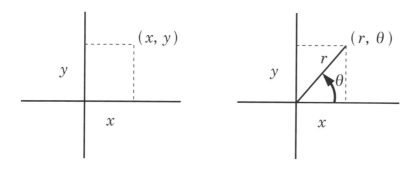

　当然，両者の間には相関があるはずです。つまり，(x, y)の座標系から(r, θ)あるいはその逆が直ちに求められなくてはいけません。そうです，その関係を示してくれるのが三角関数です。

　例えばr, θ からxを求める決まりをコサイン (cosine)
　　　　　　 yを求める仕組みをサイン (sine)
　xとyから直接にθを求める仕組みをタンジェント (tangent)
とするのです。

言い直せば

$r \cdot \cos\theta = x$ つまり $\cos\theta = x \div r$
$r \cdot \sin\theta = y$ つまり $\sin\theta = y \div r$
$y \div x = \tan\theta$

ということなのです。
この関係を言葉で説明すれば，直角三角形で

コサインは斜面と底面の関係
サインは斜面と高さの関係
タンジェントは底面と高さの関係を決めるものなのです。

英語では接線の傾きのことを普通にタンジェントと言い表しますが，タンジェントというのはまさに底面と高さ，つまり勾配のことを意味しているのです。

これが理解できたところで，例えば θ が 120 度のときを考えてみましょう。

x と y は r と θ を使って
　　　$x = r \cdot \cos\theta$
　　　$y = r \cdot \sin\theta$

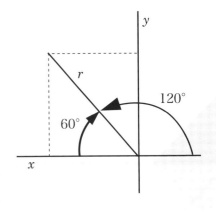

となります。あれれ，先ほどの第一象限にあったときとまったく同じじゃないですか。x はここでは明らかにマイナスとなるはずなのにおかしいですね。

いいえ，決して間違いではありません。第 1 象限ではプラスであったコサインがこの図のように第 2 象限になるとマイナスとなるように定めればよいだけの話なのです。

そうすると，角度が 30 度，60 度，90 度の直角三角形のそれぞれの辺の比
　$r : x : y = 2 : 1 : \sqrt{3}$
から
　$x = 2 \times (-1 \div 2) = -0.5$
　$y = 2 \times (\sqrt{3} \div 2) = \sqrt{3}$

となります。つまり $\cos(120\,度) = -1 \div 2$
　　　　　　　　$\sin(120\,度) = \sqrt{3} \div 2$
です。

簡単な例を示しましたが，三角関数，サイン，コサイン，タンジェントの<u>符号はその場</u>

所がどの象限にあるかで変わってきます。そのことをまず初めにしっかりと理解することがこの後三角関数を学んでいく上での重要な基本となります。 これがあやふやなままで進んでしまうと後で躓き，三角関数アレルギーを起こすことになってしまいます。

次の章では7つのステップを段階的に理解することで，この重要な基本をマスターします。

3-1-2 基本7つのステップ，これさえ分かれば怖くない！

この節では3つの三角関数，サイン，コサイン，タンジェントが第1象限から第2，第3そして第4象限と移るにつれて，第一象限での値と比べてどのように変わっていくかを考えます。後の方では符号だけでなく，それ以外でも変わることに注目してください。

Step 1：θが$-\theta$となる場合

今ここで，$\cos(-\theta)$は$x \div r$で$\cos\theta$とまったく同じです。 したがって，

$\cos(-\theta) = \cos\theta$

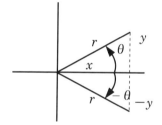

$\sin(-\theta)$は$-y \div r$で$y \div r$となる$\sin\theta$とは符号がマイナスに変わります。
したがって，

$\sin(-\theta) = -\sin\theta$

ではタンジェントはどうでしょうか。
$\tan(-\theta)$は$-y \div x$で$y \div x$となる$\tan\theta$とは符号がマイナスになります。
従って，

$\tan(-\theta) = -\tan\theta$

以上の3つの関係が求まりました。これがステップ1です。

Step 2：θが$180°-\theta$となる場合

今ここで，$\cos(180°-\theta)$は$-x \div r$で$\cos\theta$とは符号がマイナスに変わります。

したがって，

cos (180°− θ) = −cos θ

sin (180°− θ) は y ÷ r で sin θ とは同じです。
したがって，

sin (180°− θ) = sin θ

tan (180°− θ) は y ÷ (−x) で
y ÷ x となる tan θ とは符号がマイナスになります。したがって，

tan (180°− θ) = −tan θ

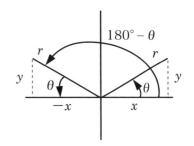

Step 3：θ が 180°+ θ となる場合

今ここで，cos (180°+ θ) は −x ÷ r で cos θ とは符号がマイナスに変わります。
したがって，
cos (180°+ θ) = −cos θ

sin (180°+ θ) は − y ÷ r で y ÷ r
sin θ とは符号がマイナスに変わります。

sin (180°+ θ) = −sin θ

tan (180°+ θ) は − y ÷ (−x) で
y ÷ x となる tan θ とは同じです。したがって，

tan (180°+ θ) = tan θ

Step 4：θ が 90°− θ となる場合

今ここで，cos (90°− θ) は y ÷ r で sin θ と同じ。
したがって，

cos (90°− θ) = sin θ

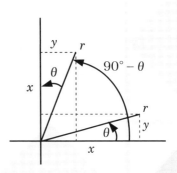

$\sin(90°-\theta)$ は $x \div r$ で $\cos\theta$ と同じだから,

$\sin(90°-\theta) = \cos\theta$

$\tan(90°-\theta)$ は $x \div y$ となるから $\tan\theta$ の逆数。したがって,

$\tan(90°-\theta) = 1 \div \tan\theta$

Step 5 : θ が $90°+\theta$ となる場合

今ここで，$\cos(90°+\theta)$ は $-y \div r$,
これは$-\sin\theta$ と同じ。

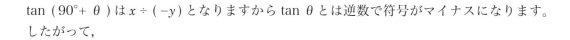

$\cos(90°+\theta) = -\sin\theta$

$\sin(90°+\theta)$ は $x \div r$,
$\cos\theta$ とは同じです。したがって,

$\sin(90°+\theta) = \cos\theta$

$\tan(90°+\theta)$ は $x \div (-y)$ となりますから $\tan\theta$ とは逆数で符号がマイナスになります。したがって,

$\tan(90°+\theta) = -1 \div \tan\theta$

Step 6 : θ が $270°-\theta$ となる場合

今ここで，$\cos(270°-\theta)$ は $-y \div r$ の$-\sin\theta$ と同じ。
したがって,

$\cos(270°-\theta) = -\sin\theta$

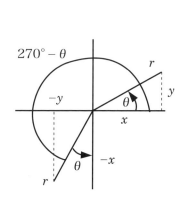

$\sin(270°-\theta)$ は $-x \div r$
つまり$-\cos\theta$ と同じ。

$\sin(270°-\theta) = -\cos\theta$

$\tan(270°-\theta)$ は $(-x)\div(-y)$ で $y\div x$ となる $\tan\theta$ の逆数と同じ。したがって、

$\tan(270°-\theta) = 1\div\tan\theta$

Step 7：θ が $270°+\theta$ となる場合

今ここで、$\cos(270°+\theta)$ は $y\div r$ の $\sin\theta$ と同じ。したがって、

$\cos(270°+\theta) = \sin\theta$

$\sin(270°+\theta)$ は $-x\div r$ つまり $-\cos\theta$ と同じ。

$\sin(270°+\theta) = -\cos\theta$

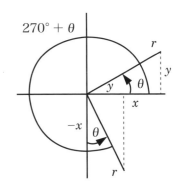

$\tan(270°+\theta)$ は $-x\div y$ となって $\tan\theta$ の逆数がマイナスとなるのと同じ。

$\tan(270°+\theta) = -1\div\tan\theta$

7つの基本ステップのまとめ

1) ステップ1から4までは、サイン、コサイン、タンジェントの符号が変わるか変わらないかという問題です。それにはそれらの符号が4つある象限でプラスになるのか、マイナスになるのかが分かればよいのです。

右の図で示す場所が、それぞれがプラスとなる場所です。

sin	sin cos tan
tan	cos

$\dfrac{S\ |\ }{T\ |\ C}$ と理解しましょう。

例 $\cos(180°-\theta)$
これは第2象限の cos だからマイナス、したがって $-\cos\theta$

2）ステップ4からはサインがコサイン，コサインがサイン，タンジェントがコタンジェント（タンジェントの逆数です）に変わる場合です。これは90°，270°に対してプラス，マイナスとなるときに限ります。

　変わり方は機械的に覚えて(簡単ですね)，後は1）で書いた符号に気をつければよいのです。

　例えば cos（90°+θ）ならば sin になって，第2象限だから cos はマイナス，したがって –sin θ となります。

　Tan（270°+θ）ならば cot（コタンジェント），第4象限だから tan はマイナス，従って –cot θ となります。

3-1-3　基本公式：三角関数攻略の鍵

　IB数学では試験問題と一緒に公式集が配られ，必要な公式は全て提示されますので，日本の数学のようにたくさんの公式を丸暗記する必要はありません。公式は覚えるのではなく，使いこなせればよいのです。まさに実用的なアプローチと言えます。公式を覚える必要のないIB数学ではありますが，覚えておくくらいに確実にマスターしておいた方が良い例外的な公式があります。

　其れがこれから書き出す三角関数の基本公式です。もちろんこれらの公式も試験の時には公式集に載ります。しかし，公式集を見ながら解くのでは，試験中の限られた時間内で三角関数の問題は解けないのです。問題を見た途端に，どのように変形すればよいかが即座に分かるくらいに公式が身についていないと三角関数の問題は解けません。

　なに，たったの12個足らずです。これだけ覚えれば後は覚えなくともいいのですから楽なものじゃないですか。

　では行きますよ。

基本公式1　三角関数の問題中で約半分がこの公式を使って解く問題です。

$(\sin \theta)^2 + (\cos \theta)^2 = 1$　①

この公式には次の2つのバリエーションが続きます。ハイヤー（上級レベル）を選択した人たちはこの2つのバリエーションをいかに活用できるかが勝負となります。

①を $(\cos \theta)^2$ で割って

$(\tan \theta)^2 + 1 = 1 / (\cos \theta)^2 = (\sec \theta)^2$　②

ここで初めて sec θ という三角関数が登場しました。コサインの逆数でシーキャントと呼びます。

①を $(\sin\theta)^2$ で割って

$$1 + 1/(\tan\theta)^2 = 1/(\sin\theta)^2 = (\operatorname{cosec}\theta)^2 \quad ③$$

また新しい三角関数 cosec が登場しました。sin の逆数でコシーキャントと呼びます。以上が基本公式の1，計3個です。

基本公式2　和と差の公式

1）サインの和
$$\sin(\alpha+\beta) = \sin\alpha\cos\beta + \cos\alpha\sin\beta$$
$$\sin(\alpha-\beta) = \sin\alpha\cos\beta - \cos\alpha\sin\beta$$

この覚え方は"咲いた（サイン）コスモス（コサイン），コスモス（コサイン）咲いた（サイン）"と言い表します。裏技は"死んだ（サイン）校長（コサイン），校長（コサイン）死んだ（サイン）"です。

2）コサインの和
$$\cos(\alpha+\beta) = \cos\alpha\cos\beta - \sin\alpha\sin\beta$$
$$\cos(\alpha-\beta) = \cos\alpha\cos\beta + \sin\alpha\sin\beta$$

ここでは赤でマークした符号に気をつけましょう。正負が逆になります。覚え方はサインのときと同様に，校長，校長，死んだ，死んだ，あるいはコスモス，コスモス，咲いた，咲いたです。

やはり悪い言葉の方がどうしても覚えやすいですね。

3）タンジェントの和

$$\tan(\alpha+\beta) = \frac{\tan\alpha + \tan\beta}{1 - \tan\alpha\tan\beta}$$

$$\tan(\alpha-\beta) = \frac{\tan\alpha - \tan\beta}{1 + \tan\alpha\tan\beta}$$

この覚え方は，最初の方で タン（tan）プラ（+）タン（tan）のイチ（1）マイ（−）タン（tan）タン（tan），♫タン・プラ・タンのイチ・マイ・タン・タン♫，そう軽やかにリズミカルに言ってみましょう。1回言えばもう忘れません。

<例題で一休み？>

覚える公式ばかり並べても飽きますから，ここで例題をひとつやってみましょう。タンジェントはサインをコサインで割ったものですから，コサインの和をサインの和で割って，以下のタンジェントの和の公式を導いてください。

$$\tan(\alpha + \beta) = \frac{\sin(\alpha + \beta)}{\cos(\alpha + \beta)} = \frac{\tan \alpha + \tan \beta}{1 - \tan \alpha \tan \beta}$$

ヒント：答えと同じ形になるように変形すればよいのです。

解

$$\tan(\alpha + \beta) = \frac{\sin(\alpha + \beta)}{\cos(\alpha + \beta)} = \frac{\sin \alpha \cos \beta + \cos \alpha \sin \beta}{\cos \alpha \cos \beta - \sin \alpha \sin \beta}$$

分子と分母を $\cos \alpha \cos \beta$ で割れば

$$= \frac{\dfrac{\sin \alpha \cos \beta}{\cos \alpha \cos \beta} + \dfrac{\cos \alpha \sin \beta}{\cos \alpha \cos \beta}}{\dfrac{\cos \alpha \cos \beta}{\cos \alpha \cos \beta} - \dfrac{\sin \alpha \sin \beta}{\cos \alpha \cos \beta}} = \frac{\tan \alpha + \tan \beta}{1 - \tan \alpha \tan \beta}$$

基本公式3　2倍角の公式

これは先の和の公式で $\alpha + \beta$ を $\alpha + \alpha$ と変えればすぐに得られます。ここでは α の代わりに θ を使いましょう。

$\sin 2\theta = 2 \sin \theta \cos \theta$
$\cos 2\theta = (\cos \theta)^2 - (\sin \theta)^2$

$$\tan 2\theta = \frac{2 \tan \theta}{1 - (\tan \theta)^2}$$

ここで，2番目の $\cos 2\theta$ ですが，基本公式1を使って次の2つのバリエーションが得られます。

$\cos 2\theta = (\cos \theta)^2 - (\sin \theta)^2$
$ = (\cos \theta)^2 - (1 - (\cos \theta)^2) = 2(\cos \theta)^2 - 1$

$$= (1 - (\sin\theta)^2) - (\sin\theta)^2) = 1 - 2(\sin\theta)^2$$

この2つのバリエーションから次の半角の公式が導き出されます。

基本公式4　半角の公式

$$(\sin(\theta/2))^2 = \frac{1 - \cos\theta}{2}$$

$$(\cos(\theta/2))^2 = \frac{1 + \cos\theta}{2}$$

$$(\tan(\theta/2))^2 = \frac{1 - \cos\theta}{1 + \cos\theta}$$

タンジェントの式はサインをコサインで割ればすぐに求まります。ではサインとコサインの半角の公式をコサインの2倍角，2つのバリエーションから求めてみてください。

サインだけやってみましょう。後は自分でやってみてください。

$$\cos 2\theta = 1 - 2(\sin\theta)^2$$

$$(\sin\theta)^2 = \frac{1 - \cos 2\theta}{2}$$

$\theta \to \theta/2$ と書き直して　　$(\sin(\theta/2))^2 = \dfrac{1 - \cos\theta}{2}$

基本公式5　多項式への分解

さあ，もう一息，覚える公式はあと2つで終わりです。

$$\sin\alpha\cos\beta = 1/2(\sin(\alpha+\beta) + \sin(\alpha-\beta))$$

$$\cos\alpha\cos\beta = 1/2(\cos(\alpha+\beta) + \cos(\alpha-\beta))$$

$$\sin\alpha\sin\beta = 1/2(\cos(\alpha-\beta) - \cos(\alpha+\beta))$$

以上の3つです。これらは基本公式1と2から簡単に導き出せます。一応やってみておいてください。

基本公式6　多項式の合成

これは今やった多項式への分解の逆です。これは上級レベルでしか出題されません。
$\sin\alpha + \sin\beta$ これを掛け算の形（単項式）に変える（合体する）のですが，一体どうしたら出来るのでしょうか。基本公式5の考え方を使ってやってみましょう。

$$\sin\alpha + \sin\beta = 2\sin A\cos B$$

となるとしましょう。そうならば基本公式5から
　　$A + B = \alpha$　　$A - B = \beta$

この連立方程式を解けば　$A = \dfrac{\alpha+\beta}{2}$　　$B = \dfrac{\alpha-\beta}{2}$

となります。すなわち，

$$\sin\alpha + \sin\beta = 2\sin\dfrac{\alpha+\beta}{2}\cos\dfrac{\alpha-\beta}{2}$$

できましたね。では次の式を今度は自分で考えて出してください。

$$\cos\alpha + \cos\beta = 2 \underline{\qquad\qquad}\ \underline{\qquad\qquad}$$

答は
$$\cos\alpha + \cos\beta = 2\cos\dfrac{\alpha+\beta}{2}\cos\dfrac{\alpha-\beta}{2}$$

となります。これで覚えるべき三角関数の公式は全部です。お疲れ様でした。

3-1-4 三角（関数）方程式の解き方

三角関数方程式の解き方には決まったパターンがあります。
（1）未知数 θ が同一な場合
　　例：$\cos\theta = \sin\theta$　　　タイプ1
（2）未知数 θ が異なる場合
1）公式を使って同一に直せる場合
　　例：$\cos 2\theta = \sin\theta$　　　タイプ2
2）同一に直せない場合
　　例：$\cos 3\theta = \sin 4\theta$　　　タイプ3

それではそれぞれのタイプ別に解き方を考えましょう。

A．タイプ1の場合
　これは三角関数の種類をどれか一つに統一して，その三角関数自体を未知数 x と置き換えて x に関する方程式を解くやり方です。

例題1　$0° < \theta < 360°$ の時，$\cos\theta = \sin\theta$ を満たす角度 θ を求めよ。

解：cos と sin の 2 種類の三角関数をただ一つの三角関数（この場合は tan が適切）に書き換えます。

　　両辺を cos で割って　$1 = \tan\theta$
　　$0° < < 360°$ の範囲で $\tan\theta = 1$ となるのは $\theta = 45°, 225°$ の2つ

　　答：$45°, 225°$

B．タイプ2の場合
　これは三角関数の公式を使って異なる未知数 θ の値を同一の θ に置き換え，それ以降はタイプ1と同じ解き方となります。従って大抵の場合は，倍角の公式が使える 2θ と θ の組み合わせか，半角の公式が使える θ と $1/2\,\theta$ との組み合わせに限られます。

例題2　$0° < \theta < 360°$ の時，$\cos 2\theta = \sin\theta$ を満たす角度 θ を求めよ。

解：倍角の公式から $\cos 2\theta = 1 - 2(\sin\theta)^2$　これを使って式を書き直すと
　$1 - 2(\sin\theta)^2 = \sin\theta$　$\sin\theta = x$ と置けば　$2x^2 + x - 1 = 0$
　因数分解を使って $(2x-1)(x+1) = 0$
　これより $x = 0.5$ または -1

0°< θ < 360°の範囲で sin θ = 0.5, −1 となるのは,
それぞれ θ = 30°, 150°, 270°の 3 つのみ

答：θ = 30°, 150°, 270°

C. タイプ 3 の場合
　この場合にはすでに習った, 三角関数 7 つの基本ステップの考え方を使うのが基本です。

例題 3　0°≦ θ < 360°の時, sin 3θ = sin 2θ を満たす角度 θ を求めよ。

解：
　sin 同士が等しくなるのは角度が同じか, sin (180°− α) = sin α となる場合のみ。 したがって, 3θ = 2θ + 360° つまり θ = 0° か 180°− 3θ = 2θ
　つまり θ = 36°の時

　あれ, ちょっと待ってください。答の角度が与えられた範囲に比べて小さすぎます。おかしいですね？もっと他に解があるかもしれません。
　大体, 未知数が 3θ となっていますから, 0°≪360°×3 あるいはその少し上の範囲までチェックする必要があるのでしょう。 ゼロはゼロしかありませんから放っておいて, 2 番目の範囲を広げてみましょう。

　　　540°− 3θ = 2θ つまり θ = 108°の時
　　　900°− 3θ = 2θ つまり θ = 180°の時
　　　1260°− 3θ = 2θ つまり θ = 252°の時
　　　1620°− 3θ = 2θ つまり θ = 324°の時
　　　1980°− 3θ = 2θ つまり θ = 396°の時 → 範囲外

どうですか, これで全て出尽くしました。
　答：0°, 36, 108, 180, 252, 324°

重要事項：タイプ 3 の三角関数方程式をステップ 7 の考え方で解く場合は, 特定解であってもまず一般解で解いてから指定範囲にある値を全て拾う。

　同じ問題をステップ 7 ではなく, 三角関数の基本公式中の和 (差)→積への変換公式を用いて解いてみましょう。

解：
　$2 \cos A \sin B = \sin (A+B) - \sin (A-B)$ より
　$A + B = 3\theta$　$A - B = 2\theta$　ゆえに $A = 2.5\theta$, $B = 0.5\theta$

これを上の式にもどして
sin 3θ − sin 2θ = 2 cos (2.5θ) sin (0.5θ)
これがゼロとなるθの値は
2.5θ = 90°, 270°, 450°, 630°, 810° : 0° ≦ 2.5θ < 900°
θ = 36°, 108°, 180°, 252°, 324°,
0.5θ = 0°　　0° ≦ 0.5θ < 180°

したがって答えは 0°, 36°, 108°, 180°, 252°, 324° と前回と同じ結果となりました。

注意！
　この和(差)→積への変換公式が使えるのは sin A = sin B や cos A = cos B のように同じ三角関数となる場合だけです。sin A = cos B のように異なる三角関数では必ずステップ7の考え方で解かなくてはなりません。したがって結論としては，基本的にステップ7の解き方を採用するほうがシンプルで覚えやすいでしょう。

　例題 4　0° < θ < 360° の時，sin 3θ = cos 2θ を満たす角度θを求めよ。

解：sin と cos が等しくなるのは以下の関係の時
　sin (90°− α) = cos α

　sin (270°− α) = cos α

　一般解では 90° − 2θ と 270° − 2θ の二つは 90° + 180°n − 2θ (n は任意の整数) と一つにまとめられます。
　したがって 90° + 180°n − 2θ = 3θ, θ = 18° + 36°n (n は任意の整数) となります。
　つまり θ = 18°, 54°, 90°, 126°, 162°, 198°, 以下もっとたくさん続きます。
　すなわち，0 < θ < 360° の範囲に収まる値は全て n を増やしながら計算していかなければならない，という事なのです。

それではまとめの問題をやって見ましょう。

問題 1　0 < θ < 360° の時，tan θ = cot 2θ を満たす角度θを求めよ。

解
$$\tan\theta = \cot 2\theta = \frac{1}{\tan 2\theta} = \frac{1-(\tan\theta)^2}{2\tan\theta}$$

3-1-4　三角（関数）方程式の解き方

$\tan\theta = t$ とおいて上の方程式を書き換えると $t = \dfrac{1-t^2}{2t}$

$2t^2 = 1 - t^2 \quad t^2 = 1/3 \quad t = \pm\sqrt{1/3}$
　　これより $\theta = 30°, 150°, 210°, 330°$

問題2　$0 < \theta < 360°$ の時, $\sin\theta = -\cos 2\theta$ を満たす角度 θ を求めよ。

解
$\sin\theta = -\cos 2\theta = -(2(\sin\theta)^2 - 1)$
これより $2(\sin\theta)^2 + \sin\theta - 1 = 0$
　　$(2\sin\theta - 1)(\sin\theta + 1) = 0$

$\sin\theta = 1/2, \; -1$

したがって $\theta = 30°, 150°, 270°$

3-1-5　逆三角関数

ここではアークの付いた逆三角関数を考えましょう。通常の三角関数と逆三角関数との関係は以下のとおりです。

$y = \arcsin x$　これは $x = \sin y$ という意味　つまりサインを取れば x となる角度
$y = \arccos x$　これは $x = \cos y$ という意味　つまりコサインを取れば x となる角度
$y = \arctan x$　これは $x = \tan y$ という意味　つまりタンジェントを取れば x となる角度

となります。

つまり $y = \arcsin x$ という関数があれば, <u>y は角度でその $\sin$ をとれば x という値となる</u>, そういう角度なのです。通常の関数と違い, ここでは y が角度, x が三角関数の値であることに注意してください。逆三角関数がどうしても苦手な人は, ここのところで早くも躓いていることが多いのです。「逆関数ですから y は角度」, ここのところをしっかりと頭に入れておきましょう。

まず例題でこのことを確かめてみましょう。

例題　$\arcsin x + \arccos(1/2) = \pi/2$ となる x を求めよ。ただし $0 \leq \arcsin x \leq 2\pi$

解

ここで arcsin x というのはサインをとると x となる角度，これを θ_x とおきます。
arccos$(1/2)$ というのはコサインをとると $1/2$ となる角度，つまり $-(5/3)\pi$，$-(1/3)\pi$，$(2/3)\pi$，$(5/3)\pi$，……
したがって与えられた方程式は以下のように書き換えられます。

$\theta_x + -(5/3)\pi$ or $-(1/3)\pi$, or $(1/3)\pi$ or $(5/3)\pi$, …… $= \pi/2$

ただし $0 \leq \theta_x \leq 2\pi$ だから

$\theta_x = \pi/2 + (1/3)\pi$ もしくは $\pi/2 - (1/3)\pi$ の2通りに限られる。
$\theta_x = (1/6)\pi$ もしくは $(5/6)\pi$

早速問題を解いてみましょう。

問題

関数 $f(x)$ を $f(x) = \sin(\arcsin(x/4) - \arccos(3/5))$ と定義します。ただし $-4 \leq x \leq 4$
1）下の線図中にこの関数 $f(x)$ を描きなさい。
2）描いたグラフ上に，x 軸との交点，y 軸との交点，最小値を明示しなさい。

解

$f(x) = \sin(\arcsin(x/4) - \arccos(3/5))$
$= \sin(\arcsin(x/4))\cos(\arccos(3/5)) - \cos(\arcsin(x/4))\sin(\arccos(3/5))$

$\arcsin(x/4) = \theta_x$, $\arccos(3/5) = \theta$ と置けば，$\cos\theta = 3/5$ $\sin\theta = 4/5$ だから，

$= \sin\theta_x \cos\theta - \cos\theta_x \sin\theta$
$= \sin\theta_x \, 3/5 - \cos\theta_x \, 4/5$
$= 1/5(3\sin\theta_x - 4\cos\theta_x)$
$-1 < \theta_x < 1$ より $0 < \cos\theta_x$ だから $\cos\theta_x = +\sqrt{1-(x/4)^2}$
$= 1/5(3(x/4) - 4\sqrt{1-(x/4)^2})$
$y = 1/5(3(x/4) - 4\sqrt{1-(x/4)^2})$

としてこの式をグラフィック・カリキュレータに入れて次ページの図を得ます。

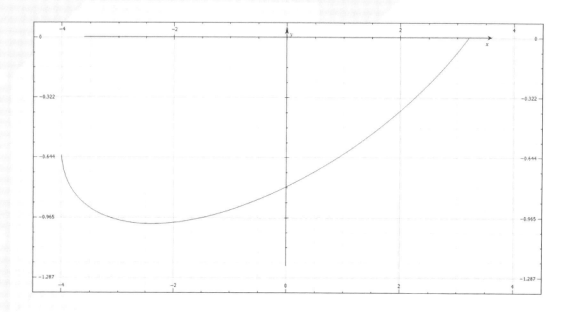

注)
　arc が付いたら角度ということに注意してください。そうすれば sin (arcsin α) はサインを取ったら α となる角度のサインだから α です。
　cos (arccos α) はコサインを取ったら α となる角度のコサインだから α です。
　cos (arcsin α) はサインを取ったら α となる角度のコサインだから
　　$(\cos\theta)^2 = 1 - (\sin\theta)^2$ より $\cos\alpha = \mp\sqrt{1-\alpha^2}$
　sin (arccos α) はコサインを取ったら α となる角度のサインだから
　　$\sin\theta = 1 - (\cos\theta)^2$ より $\sin\alpha = \mp\sqrt{1-\alpha^2}$

3-2　微分

微分とは一体何なのでしょう。

　答：ある特定現象の定まった一点での変化率を，<u>その点の前後の傾向に基づいて決定する</u>，それが微分。

　傍線部分が重要です。なぜならばその点の前後で現象の傾向が異なっていたら，微分はできないのです。つまり，微分ができる現象，つまり<u>関数は滑らかに継続している</u>関数でなければならないのです。関数が途中で途切れていたり，その点の前後で滑らかに繋がっていない場合は微分ができないのです。

　微分ができない(場所を持つ)関数の例

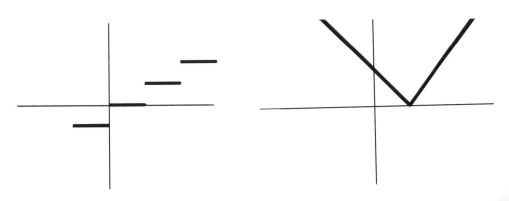

　例えば，ある速度で走っている車に乗っていることを想像してみてください。ある一瞬での速度はどうしたら分かるのでしょうか。

「速度計を見れば分かるじゃない」……　確かにその通りなのですが，では速度計はどうしたらその瞬間での速度を測っているのでしょう？　速度は一定時間に移動する距離を得て，初めてわかるものです。ですから"特別な処理"をしない限りは，ある瞬間での速度など分かるはずも測れるはずもありません。

　したがって速度計がある時間の速度を示しているとき，それはあくまでも短い時間単位で（距離/時間）の計算をして，例えば0.5秒毎にその結果を表示している，ということであって，決してその瞬間での速度を表示しているわけではないのです。

　では，微分とは一体どうやってできるのかを説明しましょう。それを示すには微分の第一公式を使うのが最も分かりやすいでしょう。

3-2-1　微分の第一公式

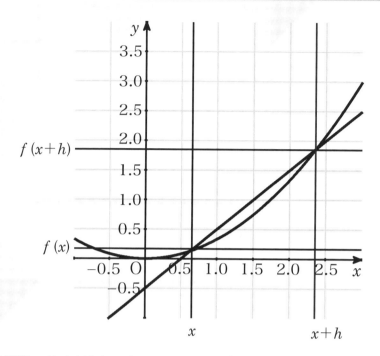

ある関数，$f(x)$ があり，点 $(x, f(x))$ から点 $(x+h, f(x+f))$ までの傾きを求めると

$$\frac{f(x+h) - f(x)}{h}$$

となります。

今ここで，h を半分，さらに4分の1と小さくしてゆくと，下の図からもわかるように傾きは，この場合ですと次第に寝てゆき，h を限りなくゼロに近づけると，最後には点 x での接線の傾きに等しくなるのが分かるはずです。

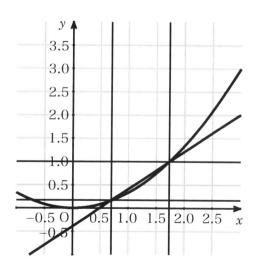
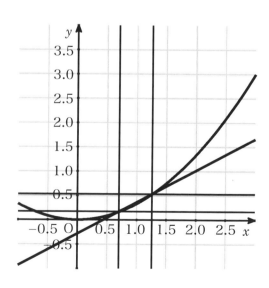

つまり，

$$\lim_{h \to 0} \frac{f(x+h) - f(x)}{h}$$

これが関数 $f(x)$ の微分に他なりません。この式を微分の第一公式と呼び，絶対に忘れてはならないほどに重要な式となります。

基本問題1　$y = 4x^3$ で与えられる関数の微分を，微分の第一公式を用いて導け

$$f(x+h) = 4(x+h)^3 = 4(x^3 + 3x^2h + 3xh^2 + h^3)$$
$$f(x+h) - f(x) = 4(x^3 + 3x^2h + 3xh^2 + h^3) - 4x^3$$
$$= 4h(3x^2 + 3xh + h^2)$$

$$\lim_{h \to 0} \frac{f(x+h) - f(x)}{h} = \lim_{h \to 0} \frac{4h(3x^2 + 3xh + h^2)}{h}$$

$$= \lim_{h \to 0} 4(3x^2 + 3xh + h^2) = 4(3x^2) = 12x^2$$

基本問題2　$y = 1/x^3$ で与えられる関数の微分を，微分の第一公式を用いて導け

$$f(x+h) = 1/(x+h)^3 = 1/(x^3 + 3x^2h + 3xh^2 + h^3)$$
$$f(x+h) - f(x) = 1/(x^3 + 3x^2h + 3xh^2 + h^3) - 1/x^3$$

$$= \frac{x^3 - (x^3 + 3x^2h + 3xh^2 + h^3)}{x^3(x^3 + 3x^2h + 3xh^2 + h^3)}$$

$$= \frac{-h(3x^2 + 3xh + h^2)}{x^3(x^3 + 3x^2h + 3xh^2 + h^3)}$$

$$\lim_{h \to 0} \frac{f(x+h) - f(x)}{h} = \lim_{h \to 0} \frac{-h(3x^2 + 3xh + h^2)}{x^3 h(x^3 + 3x^2h + 3xh^2 + h^3)}$$

$$= \lim_{h \to 0} \frac{-(3x^2+3xh+h^2)}{x^3(x^3+3x^2h+3xh^2+h^3)} = \frac{-3x^2}{x^3 \cdot x^3}$$

$$= -3x^{-4}$$

3-2-2 微分の第二公式

ある関数が $y = ax^n$ で与えられるとき，y' や dy/dx で表されるこの関数の微分は，次のようになります。

$$y' = a \cdot n\, x^{n-1}$$

これが微分の第二公式です。
例えば，$y = 4x^3$ の微分は
$$y' = 4 \cdot 3x^{3-1} = 12x^2$$

となります。

早速問題を解いてみましょう。

問題 次の関数の微分を微分の第二公式を使って求めよ。

(1) $y = 3x^4$

$$y' = 4 \cdot 3x^{4-1} = 12x^3$$

(2) $y = 1/x^2$

$y = x^{-2}$ だから $y' = -2 \cdot x^{-2-1} = -2x^{-3}$

3-2-3　さまざまな微分公式

(1) 積の微分

関数がある二つの独立した関数の積で表わされる場合，その微分は関数を展開しなくとも，次の公式を使えば求められます。

$y = f(x)\,g(x)$
$y' = f'(x)\,g(x) + f(x)\,g'(x)$

あるいは
$y = uv \quad y' = u'v + uv'$

どうですか，簡単ですね。

では早速問題です。

問題　$y = (x+1)(x^2+3x+4)$ で与えられる関数を，関数を展開しないで(積の微分公式を使って)微分を導け。

解

$y' = 1\cdot(x^2+3x+4) + (x+1)\cdot(2x+3)$
$ = 3x^2 + 8x + 7$

(2) 分数の微分

分数の微分公式は次のように示されます。

$$\left(\frac{u}{v}\right)' = \frac{u'v - uv'}{v^2}$$

この公式を掛け算の微分公式を使って導いてみましょう。
掛け算の微分公式は
$[uv]' = u'v + uv'$

ですから，上記の分数を掛け算の形に書き直して，この公式を適用します。

$$[u\,v^{-1}]' = u'\,v^{-1} + u\,[v^{-1}]' \quad\quad ①$$

ここで，$[v^{-1}]' = -v^{-2}\,v'$　となりますから①式は以下のように書けます。

$$[u\,v^{-1}]' = u'\,v^{-1} + u\,[-v^{-2}\,v']$$

$$= \frac{u'\,v - u\,v'}{v^2}$$

これで分数の微分公式が求まりました。

　ここで追加の説明です。なぜ $[v^{-1}]' = -v^{-2}\,v'$ となるのでしょうか。$-v^{-2}$ だけでもよさそうに思えますね。これはとても重要なポイントで，これが理解できていないと微分は最後まで分からないままの悲惨な状態となってしまいます。
　ではそれをこれから説明します。

　v はここで関数を表していますから，仮に $v = (2x + 3)$ と置いてみましょう。
　v' は $(2x + 3)'$ と同じで簡単です。それでは $[v^{-1}]'$ の場合はどうなるでしょうか。
$$[(2x+3)^{-1}]' = -1 \cdot (2x+3)^{-2} \times 2$$
となります。つまり置き換え微分です。上の式で最後に書いた 2 が v' に相当するわけです。
　これでもう分かりましたね。分からない人は次の節「3-2-4 置き換え微分」のところで再度説明してありますから，そこまで我慢してください。

(3) 第二公式を使えない微分 → 対数，指数，三角関数の微分

1) 対数の微分

$$[\ln(x)]' = \frac{1}{x}$$

となります。この場合，対数はあくまでも自然対数（底が e）で常用対数（底が 10）ではないことに注意してください。
　それでは常用対数の微分はどうなるのでしょうか。簡単です。底の変換公式を使って常用対数を自然対数に変換してやればよいのです。

$$[\log(x)]' = \left(\frac{\ln(x)}{\ln(10)}\right)' = \frac{1}{\ln(10)}\,\frac{1}{x}$$

となります。

ではここで簡単な問題を解いてください。

問題 $\ln(2x)$, $\ln(1/2x)$ を微分しなさい。

簡単に解けますか。解けない方は対数の性質を充分に理解しきっていない人です。対数のところへ戻って復習してください。

解

$$[\ln(2x)]' = [\ln(2) + \ln(x)]' = \frac{1}{x}$$

$$[\ln(1/2x)]' = [\ln(1) - \ln(2) - \ln(x)]' = -\frac{1}{x}$$

以上です。一度わかってしまえばもう簡単ですね。では難しい問題に挑戦してみましょう。

問題 $[\ln(x)]' = 1/x$ となることを微分の第一公式を用いて導きなさい。

微分の第一公式はきちんと理解していますね!! まだ分かっていない人は今すぐここで理解してください。とても大切な式ですから，理解するのをこれ以上後回しにすることはこの私が許しません。

$$[F(x)]' = \lim_{h \to 0} \frac{F(x+h) - F(x)}{h}$$

でしたね。
　ではこれを上の問題に適用してみましょう。

$$[\ln(x)]' = \lim_{h \to 0} \frac{\ln(x+h) - \ln(x)}{h}$$

ここで $\dfrac{\ln(x+h) - \ln(x)}{h} = \dfrac{\ln((x+h)/x)}{h}$

$$= \frac{\ln(1 + h/x)}{h}$$

$$= \ln(1 + h/x)^{1/h}$$

ここで $x/h = n$ と置けば $\quad = \ln(1+1/n)^{n/x}$
$\qquad\qquad\qquad\qquad\quad = 1/x\,(\ln(1+1/n)^n)$

$$[\ln(x)]' = \lim_{h \to 0} \frac{\ln(x+h) - \ln(x)}{h}$$

$$= \lim_{n \to \infty} \frac{1}{x}\ln(1+1/n)^n = \frac{1}{x}\ln(e) = \frac{1}{x}$$

なぜならば $\lim_{n \to \infty}(1+1/n)^n = e$ であるから

以上により自然対数 ln の導関数を導きました。

2）指数の微分公式

$y = e^x$ で表わされる指数関数の導関数 dy/dx は e^x となります。
これは，$x = a$ という点でのこの関数の接線の傾きが e^a となる事を意味しています。
では早速問題を解いてみましょう。

問題 関数 $y = e^x$ の導関数が e^x となることを，$x = 0$ の点でこの関数の接線の傾きが1であることを用いて，微分の第一公式を使って証明せよ。

$$\frac{dy}{dx} = \lim_{h \to 0}\frac{e^{x+h} - e^x}{h} = \lim_{h \to 0}\frac{e^x(e^h - 1)}{h}$$

$$= e^x \lim_{h \to 0}\frac{(e^h - 1)}{h} = e^x \lim_{h \to 0}\frac{e^{0+h} - e^0}{h}$$

ここで，$\lim_{h \to 0}\dfrac{e^{0+h} - e^0}{h}$ は 関数 $y = e^x$ の $x = 0$ の点での接線の傾きに他なりませんから，

その値は題意から1。 したがって，

$$\frac{dy}{dx} = e^x$$

となります。

3）三角関数の微分

もう次の公式は覚えていますよね！

$(\sin x)' = \cos x, \quad (\cos x)' = -\sin x, \quad (\tan x)' = (\sec x)^2$
$(\cot x)' = -(\operatorname{cosec} x)^2$

これらをまだ覚えていない人はもうお仕置きするしかありません。今すぐに覚えてください。国際バカロレア数学では"公式の暗記はしない"のが原則で，以上のような"公式"も試験のときに配られる公式集に載せられています。しかし，微分の第二公式のような極めて基本的な"決まり"は完全に頭に入っていないと限られた時間内で試験問題を解く事はできません。それにこれらの"決まり"は勉強している際に何度も出てきますから，無理に覚えようとしなくとも自然に頭に入ってしまうものです。ですからこれらの"決まり"がすぐに出てこないというのは"ろくに勉強していない"状態だと言っても構わないでしょう。

さて，$\sin x$ を例にとって，この導関数を微分の第一公式を使って導いてみましょう。

$$(\sin x)' = \lim_{h \to 0} \frac{\sin(x+h) - \sin x}{h}$$

ここで三角関数の和→積の公式を使って

$\sin(x+h) - \sin x = 2\cos(x + 1/2\,h) \sin(1/2\,h)$

したがって，

$$(\sin x)' = \lim_{h \to 0} \frac{\sin(x+h) - \sin x}{h} = \lim_{h \to 0} \frac{2\cos(x+1/2\,h)\sin(1/2\,h)}{h}$$

$$= \cos x \lim_{h \to 0} \frac{\sin(1/2\,h)}{1/2\,h} = \cos x \cdot 1$$

つまり $(\sin x)' = \cos x$ となりました。

応用問題 微分の第一公式を使って $(\cos x)' = -\sin x$ となることを導け。

これは上の $(\sin x)' = \cos x$ と同じなので解答を省きます。各自でやってみてください。

問題 微分の第一公式を使って $(\tan x)' = (\cos x)^{-2}$ となることを導け。

$$(\tan x)' = \lim_{h \to 0} \frac{\tan(x+h) - \tan x}{h}$$

ここで

$$\tan(x+h) - \tan x = \frac{\tan x + \tan h}{1 - \tan x \tan h} - \tan x = \frac{\tan x + \tan h - \tan x + (\tan x)^2 \tan h}{1 - \tan x \tan h}$$

$$= \frac{\tan h (1 + (\tan x)^2)}{1 - \tan x \tan h}$$

したがって，

$$(\tan x)' = \lim_{h \to 0} \frac{\tan(x+h) - \tan x}{h} = \lim_{h \to 0} \frac{\tan h}{h} \frac{(1 + (\tan x)^2)}{1 - \tan x \tan h} = (1 + (\tan x)^2)$$

$$= (\cos x)^{-2}$$

なぜならば $\lim\limits_{h \to 0} \dfrac{\tan h}{h} = \lim\limits_{h \to 0} \dfrac{\sin h}{h} \dfrac{1}{\cos h} = 1 \times 1$

つまり $(\tan x)' = (\cos x)^{-2}$ となりました。

3-2-4 置き換え微分

これから説明するのは少々複雑な形で与えられる関数を簡単に微分する方法です。
例えば $y = (2x-3)^4$ という関数を微分する方法を考えてみましょう。括弧の中を展開すれば，通常の微分公式を使って一つずつ微分できます。ドッキリしている人は！ すでに習った二項定理 (Binominal Theory) を使えば良いのですヨ！
ここでは，そんな手間隙掛かる展開などせずにいきなり微分する方法を学びましょう。

置き換え微分（以前は置換微分と称していましたが，どうも語呂が良くなく，こう言って説明すると，「痴漢微分」と思ってニヤニヤする生徒が多いので，置き換え微分と言うようになりました。余談ですが…）を，ではやってみましょう。
まず，$(2x-3) = u$ と置き換えます。そうすると元の関数は $y = u^4$ と簡単になります。これなら簡単に微分できそうです。

微分の第二公式を使って，
$$y' = 4u^3$$
となります。「あー，簡単でよかった」と安心するのはまだ早い！

上の式の意味は，y で表わされる関数を u で微分した，つまり dy/du を求めたのであって，本来求めたかった dy/dx を求めたわけではありません。u は勝手に使ったパラメータですから，あくまでも dy/dx を求めなければいけないのです。

では，一体どうしたら dy/dx が求められるのでしょう。

$$\frac{dy}{dx} = \frac{dy}{du}\frac{du}{dx} \qquad ①$$

をやればよいのです。

つまり，dy/du はすでに求めたように $4u^3$
du/dx は $u = 2x - 3$ より 2

したがって $dy/dx = 4u^3 \cdot 2 = 4(2x-3)^3 \cdot 2 = 8(2x-3)^3$

これで関数 y のパラメータ x による微分が求まりました。置き換え微分はひとえに①式を実行することに尽きます。

ではさまざまな例を使って置き換え微分の練習をしてみましょう。

問題 次の関数の微分をせよ。

（1）$y = 1/(3x-1)^3$
　　$y' = -3(3x-1)^{-3-1} \cdot 3 = -9(3x-1)^{-4} = -9/(3x-1)^4$

（2）$y = (2x^2 + 3x - 1)^4$
　　$y' = 4(2x^2 + 3x - 1)^{4-1}(4x+3) = 4(2x^2+3x-1)^3(4x+3)$

（3）$y = (\tan x)^3$
　　$y' = 3(\tan x)^{3-1}(\sec x)^2 = 3(\tan x)^2(\sec x)^2$

（4）$y = (\ln x)^4$
　　$y' = 4(\ln x)^3(1/x) = (4/x)(\ln x)^3$

（5）$y = e^{5x}$
　　$y' = e^{5x} \cdot 5 = 5e^{5x}$

3-2-5 いきなり微分

それではいよいよいきなり微分に入りましょう。この名前，いきなり微分というのは私が勝手につけた呼び方です。本当はどう呼ぶのか知らないので，勝手にそう呼んでいます。

例えば $x^2 + y^2 = 2^2$ という関数があります。これは言わずもがな，原点を中心とする半径2の円を表わす関数ですね。ではこの関数上，$x = 0.5$ での接線の傾きを求めてみましょう。

そうです，dy/dx を求めて，その式中の x に 0.5 を代入すれば，答えが求まります。つまり，dy/dx を求めなければなりません。

そうすると，少々困ったことになります。つまり，関数が $y =$ の形で与えられていないのです。ですから，このままの形では微分できないことになります。では，$y =$ の形に直しますか？

$$y^2 = 2^2 - x^2$$
$$y = \pm\sqrt{2^2 - x^2}$$

これから置き換え微分を使って微分できないことはありませんが，何となくやっかいそうで嫌ですね。

簡単にできる方法が他にあるなら，何も無理して難しい方法でやることはありません。気楽に行くことが何よりです！

では，いきなり微分をやってみましょう。

基本は，ある関数をそのパラメータ，例えば z で微分するとき，結果に必ず dz をくっつければよいのです。超簡単です！

$x^2 + y^2 = 2^2$ をいきなり微分すると，

$$2x^1 dx + 2y^1 dy = 0 \qquad ②$$

2^2 は定数ですからこれは x, y のいずれかで微分してもゼロとなり結果はゼロです。

②式から　$2y\,dy = -2x\,dx$　　③

したがって，$dy/dx = -x/y$ が求まりました。

$x = 0.5$ での接線の傾きは $x = 0.5$ での y は $\pm\sqrt{15/4} = \pm\sqrt{15}/2$ ですから，これらの値を③式に代入すれば，求める値が得られます（2通り）。

$$dy/dx = -\frac{1}{2} \frac{2}{\pm\sqrt{15}} = \frac{\pm\sqrt{15}}{15}$$

円の x が 0.5 での接線の傾きですから2通り出てくるのは当たり前ですね。

問題 $x^2 y^3 + x y^{-2} + 2y = 1$ の関数に対し，dy/dx を求めよ。

さあ，どうですか。このような問題がでたら，絶対にいきなり微分でなければ解けません。心から成功を祈ります。

解
$$2x\,dx\,y^3 + x^2\,3y^2\,dy + 1\cdot dx\,y^{-2} + x(-2)y^{-3}dy + 2dy = 0$$

$$(x^2\,3y^2 + x(-2)y^{-3})\,dy = (2x\,y^3 + y^{-2})\,dx$$

$$dx/dy = (2x\,y^3 + y^{-2}) / (x^2\,3y^2 + x(-2)y^{-3})$$

IB 問題

A 曲線となる関数が $x^3 + y^3 = 6xy$ で定義されているとき，その曲線上の点 (3, 3) での接線の傾きを求めよ。

〔1998 年上級レベル ペーパー 1〕

解
　与えられた関係式をいきなり微分する。

$$3x^2\,dx + 3y^2\,dy = 6y\,dx + 6x\,dy$$
$$(3y^2 - 6x)\,dy = (6y - 3x^2)\,dx$$
$$dy/dx = (2y - x^2)/(y^2 - 2x)$$

$x = 3, y = 3$ を上の式に代入して
$$dy/dx = (2y - x^2)/(y^2 - 2x) = (2 \times 3 - 3^2)/(3^2 - 2 \times 3) = -3/3 = -1$$

　　　→ 傾きは -1

B ある曲線の方程式が $x^3 y^2 = 8$ で定義されている。この曲線上の点 (2, 1) で曲線に対する法線の方程式を求めよ。

〔2003 年上級レベル ペーパー 1〕

解

　与えられた方程式をいきなり微分

$$3x^2\,\mathrm{d}x\,y^2 + x^3\,2y\,\mathrm{d}y = 0 \qquad \mathrm{d}y/\mathrm{d}x = -3x^2y^2/2x^3y$$

この式に $x = 2$, $y = 1$ を代入して

$$\mathrm{d}y/\mathrm{d}x = -3x^2y^2/2x^3y = -3\cdot 4\cdot 1/(2\cdot 8) = -3/4$$

この点での接線の傾きは $-3/4$ したがって法線の傾きは 接線の傾き・法線の傾き $=-1$ より $4/3$

求める直線の方程式は $y-1 = 4/3(x-2)$ つまり $y = 4/3x - 5/3$

3-2-6 逆三角関数の微分

逆三角関数，つまりアークサインやアークコサインなどの逆三角関数の微分は本来ならば三角関数の微分の後に来るものなのですが，あえて順番をずらしていきなり微分の後にしました。

そのほうが分かりやすいと考えるからです。では早速やってみましょう。

いま $y = \arcsin x$ という関数を考え，この $\mathrm{d}y/\mathrm{d}x$ を求めます。
「アークサインを微分するなんてどうしたらいいんだ!?!」とお悩みでしょう。気持ちは十分察します。本当に困りました。実はアークサインなんて微分できないのです。
「じゃあどうしたらいいんだ！(怒)」

お怒りはごもっともですが，微分ができなければできる形に直してやればいいのです。そう言えば勘のよいあなたのこと，きっともう頭の上のランプがパッとひらめいたことと思います。そうです。アークから普通の三角関数に直してやればよいのです。

(1) $y = \arcsin x$ を通常の三角関数 $x = \sin y$ の形に直します。

これをいきなり微分してみましょう。

$1\cdot\mathrm{d}x = \cos y\,\mathrm{d}y$

欲しいのは $\mathrm{d}y/\mathrm{d}x$ ですから上の式を変形して

$\mathrm{d}y/\mathrm{d}x = 1/\cos y$

これを y ではなく x の関数で表せば完成です。$\cos y$ はどうしたら x で表せるのでしょう。

$(\cos y)^2 + (\sin y)^2 = 1$ ですから $\cos y = \sqrt{1-(\sin y)^2} = \sqrt{1-x^2}$

さあこれで dy/dx が x の関数として表されます。

$dy/dx = 1/\sqrt{1-x^2}$

(2) 次に $y = \arctan x$ の微分をやってみましょう。

普通の三角関数に書き直します。　　$x = \tan y$
いきなり微分をして　　　$1 \cdot dx = (\sec y)^2 dy$
　　$dy/dx = 1/(\sec y)^2$
三角関数の公式で $1+(\tan \theta)^2 = (\sec \theta)^2$ というのがありましたね。これを使えば
　　$dy/dx = 1/(1+(\tan y)^2) = 1/(1+x^2)$
どうですか，思ったより簡単でしょう。

では問題です。

問題　$y = \arccos x$ で与えられる関数 y を x で微分せよ。

答えは $dy/dx = -1/\sqrt{1-x^2}$ となるはずです。そうです，$y = \arcsin x$ と符号が変わるだけで同じです。できましたか。

IB 問題

$f(x) = \dfrac{\arcsin x}{\ln x}$ で定義される関数 $f(x)$ の導関数 $f'(x)$ を求めよ。

〔1998 年上級レベル ペーパー 1〕

解

はじめに $\arcsin x$ を dx で微分する。

$y = \arcsin x$　　よって　$x = \sin y$

$dy/dx = 1/\sqrt{1-x^2}$

3-2-6　逆三角関数の微分

$$f'(x) = \frac{d/dx\,(\arcsin x)(\ln x) - \arcsin x\,d/dx\{\ln x\}}{(\ln x)^2} = \frac{\ln x/\sqrt{1-x^2} - (\arcsin x)/x}{(\ln x)^2}$$

分子と分母に $x\sqrt{1-x^2}$ を掛けて

$$= \frac{x\ln x - \sqrt{1-x^2}\,\text{arsin}\,x}{x\sqrt{1-x^2}\,(\ln x)^2}$$

3-2-7　微分方程式の解き方

イントロ

微分方程式とは初めて聞く名です。これはその名のとおり方程式と微分とが合わさったもの，つまり微分した形で関係が成り立っている方程式のことです。そしてその関係を満たす，微分形ではない元の形の関数を求めるのが微分方程式を解く，ということなのです。

今までの方程式はその関係を満たす未知数，たとえば x の値を求めることでした。ところが微分方程式では，微分するとそのような関係となる元の関数の形を求めることとなります。違いがわかりましたか。

一昔前ですとこんなものは理工系の大学にでも進学しなければ生涯見も聞きもしないで済ませられるはずのものでしたが，最近では高校数学でも学ぶようになってきました。仕方がありません。どうせやらなければならないのなら，楽しくやりましょう♪

まず一番簡単な微分方程式を解いてみましょう。

$$\frac{dy}{dx} = x^2 \quad ①$$

これを解くということは微分したら x^2 となる関数 y を求めよ，ということですから x^2 を積分して

$$y = \int x^2\,dx = 1/3 \cdot x^3 + C \qquad \text{ここでCは定数}$$

これを微分すれば $dy \cdot dx = x^2$ 確かに①の式の関係となります。
したがってこれが答えです。何だ，超簡単ですね♪

積分したとき，いきなり $y = 1/3 \cdot x^3 + C$ としましたが，もう一拍おいてみましょう。今①式を次のように書き換えます。

$$dy = x^2 \cdot dx$$

この両辺を積分します。

$$\int 1 \cdot dy = \int x^2 dx$$

ここで $\int 1 \cdot dy = y$ ですから結局上の解き方と同じになります。なぜわざわざこんなことをしたのか，次の項へ進めばその意味がわかります。

本番

ではいよいよ本格的な微分方程式を解いてみましょう。

$$\frac{dy}{dx} = \frac{x}{y^2} \quad ②$$

さあ，これはどうやって解いたらよいのでしょう。
「x だけじゃなく y まで出てくる関係式なんか積分できないじゃないか（怒）」

そんな読者の声が聞こえてきそうです。心配しないでください，簡単に積分できるのです。皆さんはすでに「いきなり微分」を勉強しました。ここではそれと同じ「いきなり積分」を考えてみてください。実はもうさっきすでに試みているのですよ！

②式を以下のように書き換えます。

$$y^2 \cdot dy = x \cdot dx$$

この両辺をそれぞれの変数で積分します。

$$\int y^2 \cdot dy = \int x \cdot dx$$

$1/3 \cdot y^3 + C_1 = 1/2 \cdot x^2 + C_2$

ここで C_1，C_2 はともに定数なので係数をかけた後にまとめて C とおきます。
そうすると

$y^3 = 3/2 x^2 + C$　つまり　$y = \sqrt[3]{3/2 \, x^2 + C}$

これであっているかどうか，検算してみましょう。
もちろん使うのは「いきなり微分」です。

$3 \cdot y^2 \cdot dy = 3 \cdot x \cdot dx$　両辺を3で割れば $y^2 \cdot dy = x \cdot dx$

変形して $dy/dx = x/y^2$ つまり②式となりました。したがってこの解は正解です。

微分方程式になれるためにいくつか問題を解いてみましょう。

問題1　$dy/dx = y/x$

解：
　これも第一歩は同じ。y は y 同士，x は x 同士で左右にまとめなおします。

$dy/y = dx/x$
両辺を積分して　$\int dy/y = \int dx/x$

$\int dy/y = \ln y + C_1$　　　$\int dx/x = \ln x + C_2$

よって　$\ln y = \ln x + C$

ここで止めてはいけません。普通は $y = f(x)$ の形まで求めていきます。
$\ln y = \ln x + C = \ln x + C \cdot \ln e = \ln x + \ln e^c = \ln(x \cdot e^c)$
これより $y = x \cdot e^c$　これが求める解の最終形です。

IB 問題

1. 次の微分方程式を満足する関数 $y = f(x)$ がある。

　　$2x^2 (dy/dx) = x^2 + y^2$

(1) 置き換え $y = vx$ を用いて以下の関係が成り立つことをを証明せよ。
　　$2x(dv/dx) = (v-1)^2$
(2) 上のことを使い，あるいは他の方法で，元の微分方程式の解は以下となることを示せ。

　$y = x - 2x/(\ln x + C)$　ただし C は任意定数とする。

　　〔2002年上級レベル ペーパー2　2003年上級レベル ペーパー2にも類似問題出題〕

　これは IB らしい問題です。早速解いてみましょう。

(1)　$y = vx$ を x で微分して　$dy/dx = v + x(dv/dx)$ あるいはいきなり微分をして，
　$dy = dv \cdot x + v \cdot dx = dx((dv/dx) \cdot x + v)$ これより $dy/dx = v + x(dv/dx)$
これを与えられた微分方程式に代入し，

$$2x^2\{v + x(dv/dx)\} = x^2 + y^2$$

$$v + x(dv/dx) = (x^2 + y^2)/2x^2 = (1 + (y/x)^2)/2 = (1 + v^2)/2$$

これより $2x(dv/dx) = 1 + v^2 - 2v = (v-1)^2$

(2) (1) の結果を用いて

$$2\int \frac{dv}{(v-1)^2} = \frac{dx}{x} \rightarrow \frac{-2}{v-1} = \ln x + C$$

$$\frac{-2}{(y/x)-1} = \ln x + c \rightarrow \frac{-2}{\ln x + c} = (y/x) - 1 \rightarrow \frac{-2x}{\ln x + c} = y - x$$

よって $y = x - \dfrac{2x}{\ln x + c}$

2. 微分方程式 $dy/dx = (3y^2 + x^2)/(2xy)$ を考える。ここで $x > 0$

(1) $y = vx$ の置き換えを使い $v + x\,dv/dx = (3v^2 + 1)/2v$ となることを証明せよ。

(2) (1) の結果を用いて，与えられた微分方程式を解け。ただし $x = 1$ のとき $y = 2$。

〔2002 年上級レベルペーパー 2〕

解

(1) $y = vx$ を微分して $dy/dx = v + x(dv/dx)$　$y/x \rightarrow v$ の置き換えをして

$$\frac{dy}{dx} = \frac{(3y^2 + x^2)/x^2}{2xy/x^2} = \frac{3(y/x)^2 + 1}{2y/x} = \frac{3v^2 + 1}{2v}$$

これより $dy/dx = v + x(dv/dx) = (3v^2 + 1)/(2v)$

(2) $x(dv/dx) = dy/dx - v = (3v^2 + 1)/(2v) - v = (v^2 + 1)/(2v)$

$$\int \frac{dx}{x} = \int \frac{2v}{v^2 + 1}\, dv$$

$\ln x + \ln C = \ln (v^2 + 1)$

$x = 1$ で $y = 2$ つまり $v = 2$ となるから　$\ln 1 + \ln C = \ln(2^2 + 1)$ これより
　$\ln C = \ln 5$

以上により　$\ln x + \ln 5 = \ln \{(y/x)^2 + 1\} \to \ln (5x) = \ln\{(y/x)^2 + 1\}$
$5x = (y/x)^2 + 1 \to y^2 = 5x^3 - x^2$ よって解は $y = \pm x\sqrt{5x - 1}$

3-2-8　関数のグラフ表示

微分を使って関数のグラフを描くというのは，微分で求められる極大値，極小値，変曲点をグラフ上に表示するということです。では微分でどのようにそれらの点が求められるか，それをこれから解説します。

微分がある瞬間（任意点）での変化率を表すことを思い出してください。微分の値が正ということは傾きがプラス，負では傾きがマイナスという状態を表していました。

では微分の記号が負からゼロを経て正になるというのはグラフで表せばどんな状態となるのでしょう。

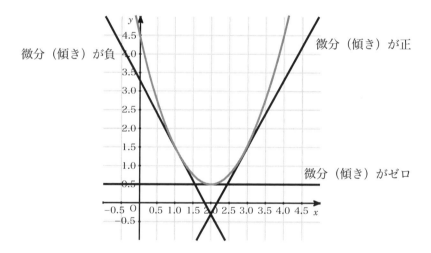

これでわかるように，グラフは下に凸の状態です。そして微分がゼロとなる点はこのグラフが一番下，最下点を通るとき，すなわち最小値となるところです。$y = x^2$ で表される関数では，この最下点以下にはもうグラフは来ませんから，これが最小値となります。

3次以上の関数ではグラフは何度もくねりますから，この点よりももっと低い点を通る場合も出てきます。そういう次第で，微分が負からゼロそして正となる箇所は極小値(部分的に一番小さな値)といいます。

逆はどうでしょう。微分が正からゼロ，そして負となる場合です。

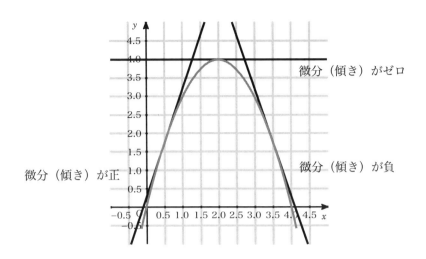

思ったとおり，これは極大となります。
つまり

　極大値：微分が正からゼロそして負に変化するときのゼロとなる点
　極小値：微分が負からゼロそして正に変化するときのゼロとなる点

とまとめられます。

　では微分がゼロとなっても極大値でも極小値でもない，そんな点があるのでしょうか。
　下のグラフを見てください。
　これは $y = x^3$ のグラフです。
　微分は正からゼロさらに再び正に戻ります。当然極（小）値ではありません。

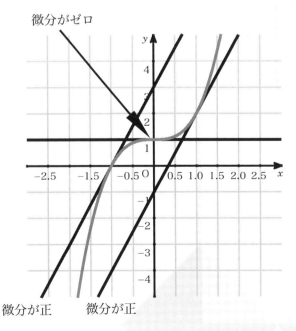

では，こういう状態は何か意味があるのでしょうか。

もちろんあります。この状態で微分がゼロとなる点を変曲点と呼びます。編曲点ではありません。

変曲というのは"曲がり方が変わる"という意味です。つまり x が増えるにしたがって上に凸であったグラフがゼロを通過すると下に凸と変わっているのがわかるでしょうか。この上に凸か下に凸かを決定するのが2次微分です。つまり，微分してさらにもう一回微分したときの符号です。

2次微分が正の場合，どちら側に凸となるのかを考えてみましょう。ここでまたしても微分の意味が重要になります。

微分の微分というのは，変化率（＝傾き）の変化する割合です。それが正ならば，元の微分の値は正でも負でも構いませんが，傾向として増えていく，つまり傾きがだんだんとプラス側に立っていく状態です。さあ，これでどちらに凸かわかりましたね。

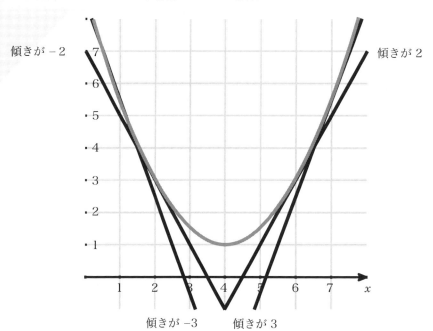

2次微分はすべての領域で正

注目して欲しいのは，この場合，つまり2次微分が正で，1次微分がゼロとなる点はグラフが下に凸ですから，必ず極小値となるということです。

逆の場合，2次微分が負で1次微分がゼロならばこの点は極大値となります。

さあ以上でもうグラフが描けるはずです。早速問題をやってみましょう。

IB 問題

A 関数 $f(x) = \sin 3x + \sin 6x$ のグラフを $0 \leq x \leq 2\pi$ の範囲で描け。またこのグラフの周期を明示せよ。

〔2000 年上級レベル ペーパー 1〕

解

$$\begin{aligned}f'(x) &= 3\cos 3x + 6\cos 6x \\ &= 3\cos 3x + 6(2(\cos 3x)^2 - 1) \\ &= 12(\cos 3x)^2 + 3\cos 3x - 6 \\ &= 3(4(\cos 3x)^2 + \cos 3x - 2)\end{aligned}$$

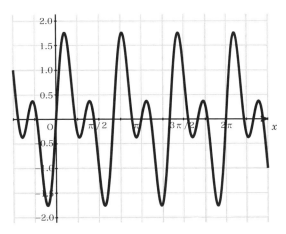

$\cos \theta$ の周期は 2π だから $3x$ の周期は 2π

よって x の周期は $2\pi / 3$　　グラフはグラフィック・カリキュレータを使用して描く。

B 関数 $f(x)$ を $f(x) = x\sqrt[3]{(x^2-1)^2}$ と定義する。ただし $-1.4 \leq x \leq 1.4$

(1) $f(x)$ のグラフをスケッチせよ。グラフ上には以下の点を明示すること。
1) $f(x) = 0$ となる点
2) 極大値
3) 極小値
(2) 微分 $f'(x)$ を求めよ。またそのドメイン（範囲）も明示すること。
(3) $-1 < x < 1$ の範囲で $f(x)$ の最大と最小値を求めよ。
(4) $x > 0$ での範囲で $f(x)$ の変曲点を求めよ。x は小数点第四位まで求めること。

〔2001 年上級レベル ペーパー 2〕

解
(1)

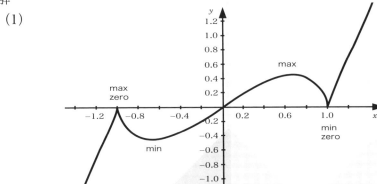

(2)
$$f(x) = x(x^2 - 1)^{2/3}$$
$$f'(x) = x \cdot 2/3 \cdot (x^2 - 1)^{-1/3} \cdot 2x + (x^2 - 1)^{2/3}$$
$$= (x^2 - 1)^{-1/3} (4/3 \cdot x^2 + (x^2 - 1)) = (x^2 - 1)^{-1/3} (7/3 \, x^2 - 1)$$

x の範囲は $-1.4 \leqq x \leqq 1.4$ $x \neq \pm 1$ (分母がゼロとなれないから) つまりこの関数は $x = \pm 1$ で微分ができないことになります。図を見ればその2点で線がスムーズになっていないことが分かり納得できるでしょう。微分ができる条件を思い出してください。

(3) 極大, 最小値を求めるのには $f'(x) = 0$ すなわち $7x^2 - 3 = 0$ となる x の値を求める。
グラフを併用すれば極大となる x は $x = \sqrt{3/7}$ $y = (4/7)^{2/3}$
極小は $x = -\sqrt{3/7}$ $y = -(4/7)^{2/3}$

(4) 変曲点の x 座標は $x = \pm 1.1339$
問題では何も指示されないが, これを求めるにはグラフィック・カリキュレータが必要。このことは問題中に記された "x は小数点第四位まで求めること。" という文章から分からなければいけない。

3-2-9　微分の応用問題

問題 -1 半径が R の球に内接する円柱で体積が最大となる時の体積 V_{max} を求めよ。

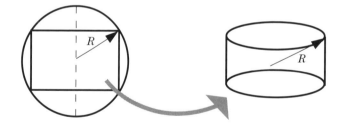

解

この問題は変数をどう設定するかが鍵となります。
たとえば円の半径を r, 高さを H としてみましょう。

$$V = \pi r^2 \cdot H$$

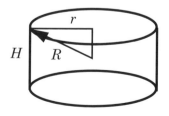

で表されます。 V を微分して最大値を求めるのですが, さてどの変数で微分しましょう。困りました。 H も r もどちらも互いに関係のある変数です。 ではどちらか一方を他方で表

して変数を一本化すればよいでしょう。
たとえば H を r で表します。ピタゴラスの関係が使えますね。

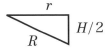

$(H/2)^2 + r^2 = R^2$

$H = 2\sqrt{R^2 - r^2}$

これを V の式に戻します。

$V = \pi r^2 \cdot H = \pi r^2 \cdot 2\sqrt{R^2 - r^2}$
$= 2\pi r^2 \cdot \sqrt{R^2 - r^2}$

これから V を r で微分し、dV/dr がゼロとなるところを求めれば V_{max} が求められます。でもこの式を r で微分するのはやっかいですね。

そうなんです。やっかいな計算をすれば計算間違いをする危険も増えて面白くありません。初めに戻って、変数の設定を考え直してみましょう。

変数を r や H ではなく、図中の θ を使えば

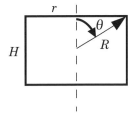

$H = 2R \cdot \cos\theta$
$r = R \cdot \sin\theta$
ただし $0 < \theta < \pi/2$

これで V を表せば
$V = \pi r^2 \cdot H = \pi R^2 (\sin\theta)^2 \cdot 2R \cdot \cos\theta$
$= 2R^3 \pi \cdot (\sin\theta)^2 \cos\theta$
$= 2R^3 \pi \cdot (1 - (\cos\theta)^2) \cos\theta$
$= 2R^3 \pi \cdot (\cos\theta - (\cos\theta)^3)$

どうですか、この式ならば $dv/d\theta$ は簡単に計算できます。

$dV/d\theta = 2R^3 \pi (-\sin\theta - 3(\cos\theta)^2 \cdot (-\sin\theta))$
$= 2R^3 \pi \sin\theta (-1 + 3(\cos\theta)^2)$

$dV/d\theta = 0$ となるのは $0 < \theta < \pi/2$ で
$\sin\theta \neq 0$、ゆえに $-1 + 3(\cos\theta)^2 = 0$ のときだけ。このときの θ は $\arccos\sqrt{1/3}$

これより　$\sin\theta = \sqrt{2/3}$　　$\cos\theta = \sqrt{1/3}$
よって $V_{max} = \pi R^2 \cdot 2/3 \cdot 2R \cdot \sqrt{1/3}$
$= 4\pi R^3 / 3\sqrt{3} = 4\sqrt{3}\pi R^3 / 9$

IB 問題

吸い取り紙の上に青いインクの水滴が一滴落ちた。落ちたインクの水滴は吸い取り紙に吸収され，青色の円を描くが，その大きさは時間とともに大きくなる。

青色のインク円の半径は時間 t の関数として以下のように表されるとする。

$$r = \frac{4(1+t^4)}{8+t^4}$$

ここで r は円の半径（cm），t はインクの水滴が落ちた後経過した時間（秒）とする。

(a) $r = 17/6$ cm となる時間 t（秒）を求めよ。
(b) 円の半径が変化する割合を t の関数で示せ。（要するに dr/dt を求める）
(c) $r = 17/6$ cm の時，円の面積が時間とともに大きくなる変化率を求めよ。（要するに dA/dt を求める。ここで $A(t)$ は面積）
(d) 半径 r の増加率が減少し始めるときの時間 t を求めよ。要するに大きくなる勢いが弱まるとき，これは関数 r のグラフで変曲点に他ならない。

〔1998 年上級レベル ペーパー 2〕

解

(a) $\dfrac{17}{6} = \dfrac{4(1+t^4)}{8+t^4}$

$136 + 17t^4 = 24 + 24t^4$

$112 = 7t^4 \rightarrow 16 = t^4 \rightarrow t = \mp 2$ $0 \leqq t$ なので $t \neq -2$ よって $t = 2$ 秒後

(b) 円の半径の変化率は dr/dt であることから

$$\frac{dr}{dt} = \frac{(8+t^4)\cdot 16t^3 - 16t^3 \cdot (1+t^4)}{(8+t^4)^2} = \frac{112t^3}{(8+t^4)^2}$$

(c) 円の面積の変化率は dA/dt

$$\frac{dA}{dt} = \frac{dA}{dr}\frac{dr}{dt}, \quad ここで A = \pi r^2 \text{ よって } \frac{dA}{dr} = 2\pi r$$

これより $\dfrac{dA}{dt} = 2\pi r \dfrac{112 t^3}{(8+t^4)^2}$

$r = 17/6$, $t = 2$ を上の式に代入すれば

$$\frac{dA}{dt} = \frac{238}{27}\pi$$

(d) 変曲点を求めるには $d^2r/dt^2 = 0$ となる t を求めればよいのだから

$$\frac{d}{dt}\frac{dr}{dt} = \frac{d}{dt}\frac{112\,t^3}{(8+t^4)^2} = \frac{3 \cdot 112\,t^2(8+t^4)^2 - 112\,t^3 \cdot 2(8+t^4)4\,t^3}{(8+t^4)^4}$$

よって上の式の分子がゼロとなる t の値を計算する。
$3 \cdot 112\,t^2(8+t^4)^2 - 112\,t^3 \cdot 2(8+t^4)4\,t^3 = (8+t^4)112\,t^2(24+3t^4-8t^4)$
→ $24-5t^4 = 0$ となる t の値を求めればいい。結局 $t = 1.5$ 秒 ($t>0$)

数学こぼれ話

微積分で解説する恋愛の男女差

　男が女に惚れる状況と女が男に惚れる状況は同じでない，とよく言われます。
　このことについて数学的に検証してみましょう。この場合あくまでも普段知り合っていて恋愛感情など特に抱いていない異性に対して，何かがきっかけで惚れる状況をさします。つまり，「♪ ある日突然愛し合うのよ ♪」という歌の文句そのままの状況に対する考察です。
　このような場合，男が女に惚れる代表的なケースは，たとえば悪い風邪を引いて下宿で動けずに寝込んでいるときに，それを敏感に聞きつけて見舞いに来て食事を作ってくれたりしたときでしょう。テレビドラマで頻繁に見られる状況です。
　一方，女が男にほれるのは，さりげなく花をくれたり，履いていた下駄の鼻緒の紐が切れたときハンカチを切って鼻緒を編んでくれたとき，何かほんのりとした温かみを感じさせる情景，そう昔の柔道ドラマに出てくるようなワンシーンですね。
　さあこの二つでどこが違うのでしょうか。
　一つ言えることは，男が惚れる場合は<u>感激が非常に強烈</u>な状況だということ。女の場合は感激の度合いはさほど強くはありません。男がはにかみがちに自分を見てにっこり微笑んでくれた，そんなことでも女の場合は惚れるきっかけとなりますが，男の場合ではこれはまずないでしょう。
　さあ，この違いをどのように検証できるのでしょうか。
　微分と積分で見事に説明できます。つまり，男が女に惚れるのは好意の微分効果，女が男に惚れるのは好意の積分効果によるものなのです。分かり難いですか。では，もう少し分かりやすく説明しましょう。
　男が女に惚れるのは，つまり感情が短い瞬間に急に高まるとき，つまり感激の<u>変化する度合いが大きい</u>とき。病気で動けなくて寝たきりで腹をすかして苦しんでいるときに，看

病して食事を作ってもらったりすれば，感激は生半可ではありません。

　女が男に惚れるのは，男が女に示す好意が少しずつ少しずつ蓄積されて，ある瞬間にその蓄積量が感情の堰を越えてあふれ出した時。ですから溜まった好意の量が堰を越える瞬間まで到達していれば，ただにっこりと微笑んだくらいでも女は簡単に男に惚れてしまうのです。要するに，ただ微笑んだだけで惚れたのではなく，それ以前に貯めに貯めた好意が堰を溢れる寸前になっていたに過ぎないのです。

　こうして説明すると，今まで漠然としていた男女の違いが明快になってきます。

　では，その"事実"に基づいてさらに，恋愛を成功させるための秘訣を考えてみましょう。

　女が，好きになった男に自分を好きにならせるには，微分ですから感情の落差をできる限り大きく，その時間をできる限り短時間にすればよいのです。これで微分値（勾配）は大きくなります。

　ではここで微分の第一公式を思い出してみましょう。

$$\frac{dy}{dy} = \lim_{\triangle x \to 0} \frac{f(x + \triangle x) - f(x)}{\triangle x}$$

これをこの場合に適用すれば以下の式が得られます。

$$微分値（勾配）= \frac{事後の感情レベル - 事前の感情レベル}{そのことが起きた時間の長さ} \quad (A)$$

具体的には，

1. 普段できる限り興味を示さない態度で接する。→ 事前感情レベルを低くする
2. 男が思い切り感動・感激するようなことを狙って行動する。誰も助けてくれない窮地に手を差し伸べるなど最高です。→ 事後感情レベルを高める。

この1と2で（A）式の分子が大きくなります。

3. できるだけ短い時間でそれを実行する。→ たとえば毎日お弁当を作るなどは時間が長くなり微分値が小さくなるので効果的ではありません。一年間ずっと弁当を作り続けるようなことは積分であって，女性には効果的ではあっても<u>男性には効果薄</u>です。それよりも風邪で寝込んでいるときに作ってもらう一回の食事のほうがはるかに効果的なのです。→ この点を世の中の多くの女性たちは判っていませんね。普段献身的に尽くしている恋人が寝込んだとき，大の親友が少し彼に親切にすると，彼は途端にそれにまいって友達の方を好きになってしまう，よくある友達に恋人を奪われるパターンですが，まさにここで説明している通りの展開なのです。

　一方，女の場合は積分効果，つまり時間をかけてゆっくりゆっくり少しずつ好意を積み重ねていくやり方が効果的です。

$$\text{積分値} = \int \text{好意}\, \mathrm{d}t$$

ここで t は回数あるいは時間です。

具体的には

1. 一度に大きな好意を与えない。ダイヤの指輪のような高価なプレゼントをするなど効き目がないことを知るべきです。これは積分で言えば高さ（y）は高いのですが幅（x）が狭く，従って面積は大して大きくはなりません。あなたはダイヤモンドを毎月彼女にプレゼントできますか？せいぜい10年に一度でしょう，そんな高価なプレゼントができるのは。それだったら効果がないからやらないことです。決して敵（女性）の術策にはまってはいけません。

2. プレゼントは安いもので十分。誕生日，初めて出会った記念日，とにかく何でもいいから名目をつけて<u>こまめに出す</u>ことです。

3. 金を掛けなくとも示せる好意のほうが効果的。金で買ったプレゼントはあくまでその金額の価値しかありません(と女性は考えます)。それよりもむしろ，行動で示す好意のほうが金額で計りづらいため効果を発揮する場合が多いのです。つまり煙に巻くやり方です。

靴についた汚れをしゃがんで拭いてあげたり，道端に咲いている花を一本折ってプレゼントしたり，そんな好意で十分です。問題は<u>頻度と回数</u>なのです。

以上で，恋愛に対する男女差を数学的に検証できたと信じます。

では皆さん，成功を祈ります。

3-3 積分

積分は一言で言えば何でしょう。

微分の逆 → 正解です。
面積や体積を求める方法 → これも正解です。
関数で囲まれる領域を細かく短冊に切って面積を求めたり，薄い円盤にスライスしてそれを足し合わせて体積を求めるもの。→ そう，これが一番正解です。

微分と積分，学校では微分から習いますがいったいどちらが先に考案されたと思いますか？
　答えは積分です。積分は最初，絵からアイデアが思いつかれました。さあ，早速その"原始積分"をやってみましょう。

3-3-1　台形公式 equivallium theory

今図に示すような関数と x 軸，$x = 0$，$x = 2.0$ とで囲まれる面積を求めてみましょう。
積分が使えないとしたら，どんな方法が考えられるでしょうか。

(1) この部分を2つの台形に分けて，
それを足せば　　近い値が出ます。

$f(0) = 0.5$
$f(1) = 1.5$
$f(2) = 4.5$

台形①の面積 $A_1 = (0.5 + 1.5) \times 1.0 \times 1/2 = 1.0$
台形②の面積 $A_2 = (1.5 + 4.5) \times 1.0 \times 1/2 = 3.0$

$A_1 + A_2 = 1.0 + 3.0 = 4.0$

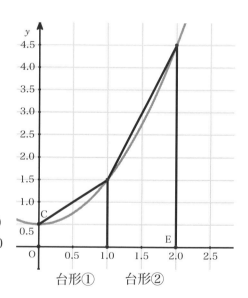

(2) さらに同じ台形を 4 つに分けて，それを足して面積を求めれば，その値は 2 つの台形に分けて求めた値よりも本当の面積に近づくのは明らかです。

$f(0) = 0.5$
$f(0.5) = 0.75$
$f(1) = 1.5$
$f(1.5) = 2.75$
$f(2) = 4.5$

台形①の面積 $A_1 = (0.5 + 0.75) \times 0.5 \times 1/2 = 0.3125$
台形②の面積 $A_2 = (0.75 + 1.5) \times 0.5 \times 1/2 = 0.5625$
台形③の面積 $A_3 = (1.5 + 2.75) \times 0.5 \times 1/2 = 1.0625$
台形④の面積 $A_4 = (2.75 + 4.5) \times 0.5 \times 1/2 = 1.8125$

$A_1 + A_2 + A_3 + A_4 = 3.75$

先ほどの台形 2 つで求めた値 4.0 よりこの 3.75 のほうがもちろん本当の値に近くなっています。つまり近似度が高くなっているのです。

これで皆さんもお分かりでしょうが，この高さを均等に分ける台形の数を多くすればするほど正しい値に近づいていきます。それならいっそのことその数を無限大にしたらどうなるのでしょうか。そうです，そう考えた人が積分の創始者に他ならないのです。世界で初めてこの積分を考えた人は，日本人の数学者，そのころは和算と称していましたが，関孝和です。そのころの日本は鎖国をしていたため彼の偉大な功績は世界には認められていませんが，積分を世界で初めて考えたのは誰がなんと言おうが日本人である関孝和なのです。

問題　台形公式を使って，$y = x^2 + 1$ と，$y = 0$，$x = 0$，$x = 1$ とで囲まれる面積を有効数字 3 桁まで求めよ。ただし計算機，電脳など使い放題とする。

さあ，これを皆さんはどうやって解くでしょうか。台形の分割数を例えば $γ$ として $γ$ を 1 から順番に増やしながら，面積 A の値を計算し，それが小数点 2 位（有効数字 3 桁で一の位があるから残りは小数点以下 2 位まで）で変わらなくなったら正解としましょう。これを簡易プログラムで組んで計算すればよいのです。

ここの解法は皆さんに任せます。Good Luck！

3-3-2 積分の一般公式

一般公式というのは微分の一般公式の逆です。すなわち関数 $y = ax^n$ を x で微分すると $dy/dx = a \cdot n \cdot x^{n-1}$ となった，今度はその反対です。

例えば関数 $Y = a \cdot n \cdot x^{n-1}$ を x で積分すれば

$$\int Y \, dx = \int a \cdot n \cdot x^{n-1} \, dx = ax^n + C \quad \text{ここで } C \text{ は任意の定数}$$

となるはずです。積分は微分の逆ですから，ある関数を微分し，それをさらに積分すれば元の関数に戻るはずです。Begin the Begin ♪♪ です。

ここでもともとの関数に比べて，微分して積分すると定数 C が余計に出てきます。なぜ C が余計に出てきたのでしょう。

それは $y_m = ax^n + m$ とすれば y_m を x で微分した形は C が消えてすべて同じ $a \cdot n \cdot x^{n-1}$ となるからです ここで m は正の整数。

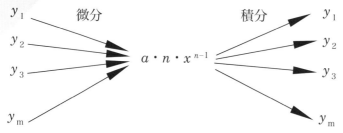

つまり $ax^n + 1$ だろうが $ax^n + m$ だろうが一回微分してしまえば $+1$ や $+m$ の情報は消えてしまいます。今度はそれを積分する際には，$y_1, y_2, y_3 \cdots y_m$ のすべてに成り得るのです。ですから積分する際には<u>常に定数 C を加えてやらなければならない</u>のです。

では次に関数 $y = ax^n$ を x で積分してみましょう。

考え方としては，x で微分したら ax^n となる関数を考えるのですから

1）x の次数は n から 1 次上がる → x^{n+1}
2）x の係数は a，つまりこの関数を x で微分すると $(n+1)$ が係数として x の前に下りてくるからそれをキャンセルするために $1/(n+1)$ を x の前に置いてやる

つまり $a \cdot 1/(n+1) x^{n+1} + C$

この順番で計算してやればよいのです。試しにこの関数を x で微分してみましょう。

$$(1/dx)(a \cdot 1/(n+1) x^{n+1} + C = a \cdot 1/(n+1) \cdot (n+1) x^{n+1-1}$$
$$= a \cdot x^n$$

確かにもとの関数 y に戻りました。

さてここでもうひとつ，定数 C を積分すると Cx となります。これは C を $C \cdot x^0$ と考えれば，これを x で積分して
$$C \cdot 1 \cdot x^{0+1} = C \cdot x$$
となるのがわかります。基本公式そのままです。

では早速問題をやって見ましょう。

問題 以下の関数を x で積分せよ。
(1) $y = 2x^3 - 3x + 1$
(2) $y = -1/x^3 + 2/x^2 - 4$
(3) $y = 1/x$

解
(1) $\int y dx = 2 \cdot 1/4 \cdot x^4 - 3 \cdot 1/2 \cdot x^2 + 1 \cdot x + C$
$= 1/2 \cdot x^4 - 3/2 \cdot x^2 + x + C$
(2) $\int y dx = -1 \cdot 1/(-3+1) \cdot 1/x^{-3+1} + 2 \cdot 1/(-2+1) \cdot 1/x^{-2+1}$
$-4 \cdot x + C = 1/2 \cdot 1/x^2 - 2 \cdot 1/x - 4x + C$
(3) $\int y dx = 1 \cdot x^{-1+1} + C = 1 \cdot x^0 + C = 1 + C$　ん？何か変ですよ。

そうなのです。この場合は積分の一般公式が使えないのです。$1/x$ を x で積分する場合は別の基本公式を使わなければなりません。

$1/x$ の積分基本公式

$$\int 1/x \, dx = \ln x + C \quad (\ln x = \log_e x)$$

これがその基本公式です。$\ln x$ を微分すれば $1/x$ となることはもうすでに微分のところでやっていますが，ちゃんと覚えていますか。結果が常用対数の $\log_{10}$ ではなくベースが e の自然対数の ln であることに改めて注目してくださいネ。

3-3-3　三角関数の基本積分

対数（ログ）の積分をやりましたが，今度は三角関数の積分をやってみましょう。

$$\int \sin x \, dx = -\cos x + C$$

$$\int \cos x \, dx = \sin x + C$$

$$\int (\sec x)^2 \, dx = \tan x + C$$

$$\int (\text{cosec} \, x)^2 \, dx = -\cot x + C$$

となります。微分の逆です。IB ではこんな基本中の基本公式も試験時には問題と一緒に配られる公式集に載っています。 超驚きです!!!

3-3-4 パターン認識で求める積分計算

積分の計算問題はまずそれがどのパターンに属する問題なのか，言い換えればどのようにして解く問題なのかを見際得ることで 80% 終了です。私が勝手に分類していますがパターンは全部で 5 つあります。

1) 置き換え：部分的に違う関数に置き換えるパターン
2) 変形：変形して微分できる形に直すパターン
3) 部分積分：部分微分の逆を使うパターン
4) 2 回積分：積分を 2 回して答えを求めるパターン
5) 逆三角関数：逆三角関数の公式を使うパターン

では以下にその見分け方を伝授いたします。

パターン 1　置き換え積分

積分の計算問題で 70% はこのパターンです。ですから問題が出されたら，まずこの形でないかどうか，それを確かめましょう。

このパターンは $\int (y \cdot dy/dx) \, dx$ という形で出題されます。例えば $\int \cos x \cdot \sin x \, dx$ がその例です。

このパターンのとき方は，dy/dx でないもう一つの y の方を他の変数で置き換えます。例えば $\cos x = \theta$ としてみましょう。

この式をいきなり微分すれば

$$\frac{1}{dx} \cos x = \frac{1}{d\theta} \theta \quad \text{つまり} \quad -\sin x \, dx = d\theta \quad \text{となります。}$$

そうすると問題の式中で $\sin x \cdot dx$ が $-d\theta$ で置き換えられますから元の式は以下のように書き換えられます。

$$\int \cos x \cdot \sin x \, dx = \int \theta \cdot (-d\theta) = -\int \theta \cdot d\theta = -1/2 \cdot \theta^2 + C$$

θ を $\sin x$ に戻して

$$\int \cos x \cdot \sin x \, dx = -1/2 \cdot (\sin x)^2 + C$$

となりました。これが答です。

パターン2　変形積分

これは出された式を積分ができるように変形する問題です。これも置き換え積分の次に頻繁に出されるパターンです。

その1　$\int (\sin x)^2 \, dx$ を求めよ。

$(\sin x)^2$ を半角の公式を使って $(1 - \cos 2x)/2$ と変形すれば積分できる形になります。

$$\int (\sin x)^2 \, dx = \int (1 - \cos 2x)/2 \cdot dx = 1/2 \left(\int dx - \int \cos 2x \, dx \right)$$
$$= 1/2 (x - 1/2 (\sin 2x)) + C$$

その2　$\int (\tan x)^2 \, dx$ を求めよ。

$(\tan x)^2 = (\sec x)^2 - 1$ を利用して

$$\int (\tan x)^2 \, dx = \int ((\sec x)^2 - 1) \, dx = \tan x - x + C$$

パターン3　部分積分

部分微分公式 $(uv)' = u'v + uv'$ これを移項して $u'v = (uv)' - uv'$ さらに両辺を積分して

$$\int u'v \, dx = \int ((uv)' - uv') \, dx$$
$$= uv - \int uv' \, dx$$

ここで $\int ((uv)' \, dx = uv$ となるのは微分したものを積分するのですから元に戻るということでよいですね。この式中に定数 C がありません。なくて良いのでしょうか？式にはまだ積分記号のついた積分途上項（?）がありますから，こういう場合は最後に積分記号をなくしたとき，つまり最終的な積分をした際に C をつければよいことになっています。

では問題です。

$\int x \cos x \, dx$ を計算せよ。

ここで右辺が積分を計算しやすいように v' が1になるよう $v = x$, $u' = \cos x$ とします。そうすると $v' = 1$, $u = \sin x$ ですから部分積分式は

$$\int x \cos x \, dx = x \sin x - \int 1 \cdot \sin x \, dx$$
$$= x \sin x - (-\cos x) + C = x \sin x + \cos x + C$$

答が出ました。では試しに $v = \cos x$, $u' = x$ と置いたならばどうなるのでしょうか。
$\int x \cos x \, dx = 1/2\, x^2 \cos x - \int 1/2\, x^2 \sin x \, dx$ となって積分項がますます複雑となって答が出ません。そうなのです，部分積分は積分記号の付いた積分項がシンプルな形となってそのままで積分できる形となるように，どちらの項を v, u' にするか適切に選ばなければできないのです。

パターン4　2回部分積分

これは部分積分を2回やらないと答が出ない問題のパターンです。早速例題で考えてみましょう。

問題　$\int e^x \cdot \cos x \, dx$ を求めよ。

2回積分の形はすべてが部分積分を使います。これまでそうでない例を見たことがありません。部分積分ではどちらを u, どちらを v とおくかでできるかできないかが決まるので，区分けは非常に重要でしたが，この問題のように sin や cos で記載される2回部分積分ではどちらを u, どちらを v 置こうが関係ありません。どっちでもよいのですから気楽です。

では，$e^x = u$, $\cos x = v'$ と置いてみましょう。当然 $u' = e^x$, $v = \sin x$

1回目
$$\int e^x \cdot \cos x \, dx = e^x \cdot \sin x - \underline{\int e^x \cdot \sin x \, dx}$$

2回目 $e^x = u$, $\sin x = v'$, $u = e^x$, $v = -\cos x$ と置いて
$$\int e^x \cdot \sin x \, dx = -e^x \cdot \cos x + \int e^x \cdot \cos x \, dx$$

これを元の式の傍線部に戻せば

$$\int e^x \cdot \cos x \, dx = e^x \cdot \sin x - (-e^x \cdot \cos x + \int e^x \cdot \cos x \, dx)$$
$$= e^x \cdot \sin x + e^x \cdot \cos x - \int e^x \cdot \cos x \, dx$$

移項して積分項を左辺に集めて
$$2 \int e^x \cdot \cos x \, dx = e^x \cdot \sin x + e^x \cdot \cos x$$

ゆえに $\int e^x \cdot \cos x \, dx = 1/2 \cdot e^x (\sin x + \cos x)$

以上積分2回で答えが求まりました。

パターン5　逆三角関数の公式を使うパターン

これは微分から求めた逆三角関数の積分公式に当てはめて解くパターンです。積分する対象となる関数が独特の形をしているので，割と見分けるのは簡単です。

$\int 1/\sqrt{1-x^2} \, dx = \arcsin x + C$
$\int -1/\sqrt{(1-x^2)} \, dx = \arccos x + C$
$\int 1/(1+x^2) \, dx = \arctan x + C$

早速問題です。

問題　以下の積分を実行せよ
1) $\int 2/\sqrt{1-2x^2} \, dx$
2) $\int 1/\sqrt{2+x^2} \, dx$
3) $\int 1/(1+x^2/9) \, dx$

このパターンの問題で大切なことはただ一つ，問題の関数を<u>公式と同じ形に書き換える</u>ことです。
1) からやってみましょう。

$\int 2/\sqrt{1-2x^2} \, dx = 2\int 1/\sqrt{1-2x^2} \, dx$
$\qquad = 2\int 1/\sqrt{(1-(\sqrt{2}x)^2)} \, dx$

これで公式の x の代わりに $\sqrt{2}x$ とすればまったく同じ形となりました。
したがって $\int 2/\sqrt{1-2x^2} \, dx = 2 \cdot 1/\sqrt{2} \cdot \arcsin(\sqrt{2}x) + C$
$\qquad = \sqrt{2} \cdot \arcsin(\sqrt{2}x) + C$

なぜアークの前に $1/\sqrt{2}$ が付くかは，右辺を微分すれば x の係数 $\sqrt{2}$ が前に出てくるので係数を1とするために微分したのです。置き換え微分のときにやりましたね。

2) $\int 1/\sqrt{2-x^2} \, dx = \int 1/\sqrt{2(1-x^2/2)} \, dx$
$\qquad = 1/\sqrt{2} \int 1/\sqrt{1-(x/\sqrt{2})^2} \, dx$

公式の x の代わりに $x/\sqrt{2}$ とすればまったく同じ形となりました。

したがって $\int 1/\sqrt{2-x^2}\,dx = 1/\sqrt{2}\cdot\sqrt{2}\cdot\arcsin(x/\sqrt{2}) + C$
$= \arcsin(x/\sqrt{2}) + C$

3) $\int 1/(1+x^2/9)\,dx = \int 1/(1+(x/3)^2)\,dx$
$= 3\arctan(x/3) + C$

本番の試験では逆三角関数の微分はおろか積分公式まで見せてもらえます。ですから日本の高校生が必死で覚えるこれらの公式は IB 数学では，公式集のどこを見ればわかる程度におぼろげに形が思い浮かべられればそれで十分です。

パターン認識の項，まとめ問題

次の積分を求めなさい。

1) $\int \ln x / x\,dx$

2) $\int (\tan x)^4\,dx$

3) $\int (\cos x)^4\,dx$

4) $\int \ln x\,dx$

5) $\int e^x \cdot \cos x\,dx$

6) $\int 2/(3x^2+1)\,dx$

7) $\int 1/\sqrt{(1-4x^2)}\,dx$

8) $\int x^2 \cdot \ln x\,dx$

9) $\int (x/(2-x))^2\,dx$　replace by $y = 2 - x$

解
1) パターン1　置き換えの問題です。
$\ln x = u$ とおけば $d_x(\ln x) = 1/x\,dx = 1 \cdot du$
$\int \ln x / x\,dx = \int u\,du = 1/2\,u^2 + C = 1/2(\ln x)^2 + C$

2) パターン2 変形の問題です。

$(\tan x)^4 = (\tan x)^2 (\tan x)^2 = ((\sec x)^2 - 1)(\tan x)^2$

$$\begin{aligned}\int (\tan x)^4 dx &= \int ((\sec x)^2 - 1)(\tan x)^2 \, dx \\ &= \int (\sec x)^2 (\tan x)^2 \, dx - \int (\tan x)^2 \, dx \\ &= \int (\sec x)^2 (\tan x)^2 \, dx - \int ((\sec x)^2 - 1) \, dx \\ &= \int (\sec x)^2 (\tan x)^2 \, dx - \int (\sec x)^2 dx + \int 1 dx \\ &= \int (\sec x)^2 (\tan x)^2 \, dx - \tan x + x \end{aligned}$$

今度はパターン1, 置き換えをします。

$\tan x = u$ と置くと $d/dx(\tan x) = (\sec x)^2 dx = du$

$$\int (\sec x)^2 (\tan x)^2 \, dx = \int u^2 du = 1/3 \, u^3 + C = 1/3 \, (\tan x)^3 + C$$

よって $\int (\tan x)^4 dx = 1/3 \, (\tan x)^3 - \tan x + x + C$

3) パターン2, 変形の問題です。

半角の公式を利用して

$$(\cos x)^4 = (\cos x)^2 \cdot (\cos x)^2 = \frac{1 + \cos 2x}{2} \cdot \frac{1 + \cos 2x}{2}$$

$$= \frac{1}{4} (1 + 2\cos 2x + (\cos 2x)^2)$$

$$= \frac{1}{4} (1 + 2\cos 2x + \frac{1 + \cos 4x}{2})$$

$$= 1/8 \, (2 + 4\cos 2x + 1 + \cos 4x)$$

よって
$$\int (\cos x)^4 dx = 1/8 \, (2x + 2\sin 2x + 1/4 \sin 4x) + C$$

4) パターン3, 部分積分の問題です。

$\ln x = u$ $1 = v'$ と置けば $\int uv' = uv - \int u'v \, dx$ であることより

$\int \ln x \, dx = (\ln x)x - \int (1/x)x \, dx = (\ln x)x - \int 1 \, dx = (\ln x)x - x + C$

5) これはパターン4, 2回部分積分の問題です。

$e^x = v, \cos x = u'$ と置けば,

$\int e^x \cdot \cos x \, dx = e^x \sin x - \int e^x \cdot \sin x \, dx$

$$= e^x \sin x - \{e^x(-\cos x) - \int e^x \cdot (-\cos x)\,dx\}$$

これより $2\int e^x \cdot \cos x\,dx = e^x \sin x - e^x(-\cos x)$

よって $\int e^x \cdot \cos x\,dx = 1/2\, e^x(\sin x + \cos x)$

6) パターン5, 逆三角関数の公式を使う問題です。大まかな形から arctan x を使うことがわかります。

$$\int 1/(1+x^2)\,dx = \arctan x \text{ より}$$

$$\int 2/(3x^2+1)\,dx = 2\int \frac{1}{(\sqrt{3}\,x)^2+1}\,dx$$

$\sqrt{3}\,x = X$ と置けば $\sqrt{3}\,dx = dX$ これより問題の式を書き換えて

$$\int 2/(3x^2+1)\,dx = 2\int \frac{1}{X^2+1}\,\frac{1}{\sqrt{3}}\,dX = 2/\sqrt{3}\,\arctan X + C$$

$$= 2\sqrt{3}/3\,\arctan(\sqrt{3}\,x) + C$$

7) これもパターン5, 逆三角関数の公式, この場合は形から arcsin x を使います。

$$\int 1/\sqrt{1-x^2}\,dx = \arcsin x \text{ より}$$

$$\int 1/\sqrt{1-4x^2}\,dx = \int \frac{1}{\sqrt{1-(2x)^2}}\,dx$$

$2x = X$ と置けば $2dx = dX$ これより問題の式を書き換えて

$$\int \sqrt{1-4x^2}\,dx = \int \frac{1}{\sqrt{1-X^2}}\,\frac{1}{2}\,dX = 1/2\,\arcsin X + C$$

$$= 1/2\,\arcsin(2x) + C$$

8) パターン3, 部分積分の問題です。v, u' の選び方に気をつけて下さい。v, u' は積分で x の次数が小さくなるように選べばよいので $v = \ln x,\ u = x^2$ と置きます。

$$\int x^2 \cdot \ln x\,dx = (\ln x)1/3\,x^3 - \int (1/x)\,1/3\,x^3\,dx$$
$$= (\ln x)1/3\,x^3 - 1/3\int x^2\,dx = 1/3\,(\ln x)\,x^3 - 1/9\,x^3 + C$$

9) これはパターン1, 置き換え問題であることがヒントで与えられています。(アリガタヤ！)

$y = 2 - x$ と置き換えると $dy = -dx$

$$\int (x/(2-x))^2 dx = \int ((2-y)/y)^2 (-dy) = -\int ((2-y)/y)^2 dy$$

最初の形とあまり代わり映えがしませんが，いったいこれで積分できるのでしょうか？
できるのです。 分子が複雑となった代わりに分母がシンプルになったことがわかるでしょう。そうなんです，これがミソなのです。次の変形を見てください。多項式 (polynomial) に分かれて見事に積分できる形へと変わります。

$$= -\int ((2-y)/y)^2 dy = -\int \{2/y - 1\}^2 dy$$
$$= -\int (1 - 2\cdot 2\cdot 1/y + 4/y^2) dy = -y + 4(\ln y) + 4/y + C$$
$$= x - 2 + 4\ln(x-2) + 4/(x-2) + C$$

IB 問題

A 次の積分を求めよ $\int \ln x / \sqrt{x}\, dx$

〔2004 年上級レベル ペーパー 1〕

これはどのパターンだと推測しますか？ 置き換えですか，それとも変形？ どちらもはずれ。

部分積分です。 $u = \ln x$, $v' = 1/\sqrt{x} = x^{-1/2}$ とおいて $u' = 1/x$, $v = 2x^{1/2}$

$$\int \ln x / \sqrt{x}\, dx = \ln x \cdot 2x^{1/2} - \int 1/x \cdot 2x^{1/2}\, dx$$
$$= 2 \cdot x^{1/2} \ln x - 2\int x^{-1} \cdot x^{1/2}\, dx$$
$$= 2 \cdot x^{1/2} \ln x - 2\int x^{-1/2}\, dx$$
$$= 2 \cdot x^{1/2} \ln x - 4 \cdot x^{1/2} + C$$

B 次のグラフは関数 $y = f(x)$, $0 \leq x \leq 4$ の曲線を表す。 グラフにこの関数を $x = 0$ から X まで積分した曲線を描け。

$$\int_0^x f(t)\, dt, \quad x 軸と交わる点を明示する$$

〔2003 年上級レベル ペーパー 1〕

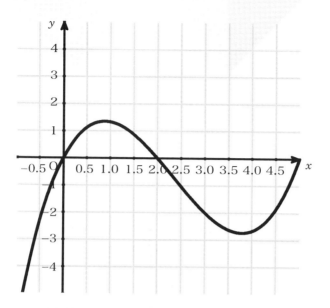

これは IB らしい考え方を試すとても良い問題です。

グラフで与えられた $y = 0$ となる x の値から以下となることが分かります。
$f(x) = (x - 0)(x - 2)(x - 5) = x^3 - 7x^2 + 10x$
$\int_0^x f(t)\,dt = 1/4 x^4 - 7/3 x^3 + 10x + c$

グラフィック・カリキュレータを使って図を求める。ここでは c = 0 としています。

この問題で重要なポイントは，元のグラフが解のグラフを微分したものであると考えると分かりやすくなります。つまり
1) 微分がゼロでその前後で正から負へ変わる場合は極大値 $x = 2.0$
2) 微分がゼロでその前後で負から正へ変わる場合は極小値 $x = 0$, $x = 5$
3) 微分の傾きが正から負へ変わる場合は下へ凸から上に凸へと変わる変曲点 $x = 0.8$
4) 微分の傾きが負から正へ変わる場合は上へ凸から下に凸へと変わる変曲点 $x = 3.5$

以上に基づいて解のグラフをスケッチすることもできます。大切なのは x の値でそのときの y の値は適当で構いません。

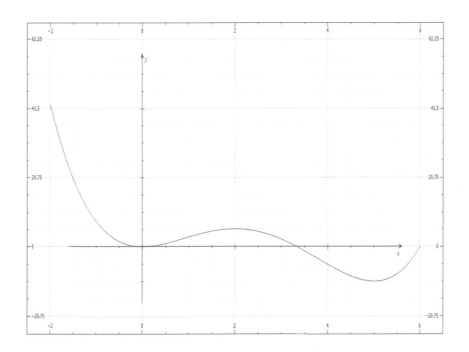

3-3-5　定積分　面積や体積を求める積分です

ここまででやった積分は不定積分といって，決まった量や値を求めるのではなくある変数に対する積分です。微分でも同じで，ある定まった変化率（傾き）を求めるにはこの変数 x に決まった値を放り込んでやる必要がありました。

さあそれでは，変数に決まった値を放り込んで定まる積分の特定解，面積を求めてみましょう。

今，関数 $y = x^2$ と $x = 1$, $x = 2$ とで囲まれる領域の面積を求めてみましょう。求める面積を A とおけば

$$A = \int_1^2 x^2 \, dx$$

$$= [\,1/3 \cdot x^3\,]_1^2$$

この式の意味は [ ] の中の関数に $x = 2$ を入れた値から $x = 1$ を

入れた値を引くということですから，

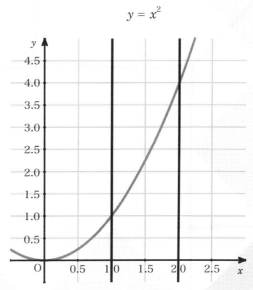

$$A = 1/3(2^3 - 1^3) = 1/3 \cdot 7 = 7/3$$

つまりこの領域の面積は 7 / 3 となります。

もう少し複雑な面積を求めてみましょう。
$y = 2x$, $y = x^2$, $x = 1$, $x = 2$
の4本の線で囲まれる面積を求めてみましょう。

まず $y = 2x$ と $x = 1$, $x = 2$ とで囲まれる面積を B とおけば，

$$B = \int_1^2 2x \, dx = [2 \cdot 1/2 \cdot x^2]_1^2$$

$$= 1(4 - 1) = 3$$

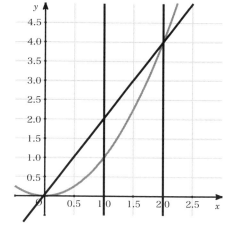

積分を使わずとも台形の面積ですから
$(2 + 4) \times 1 \div 2 = 3$ でももちろん OK です。

最終的に求める面積を C とおけば $C = B - A$ ですから $3 - 7/3 = (9 - 7)/3 = 2/3$ となります。

いま面積 C を求めるのに面積 B と面積 A を求めてから引き算をしましたが，積分の段階で引き算ができます。

つまり

$$C = \int_1^2 (2x - x^2) \, dx = [2 \cdot 1/2 \cdot x^2 - 1/3 \cdot x^3]_1^2$$

$$= 1 \cdot 2^2 - 1/3 \cdot 2^3 - (1 \cdot 1^2 - 1/3 \cdot 1^3)$$
$$= 4 - 1/3 \cdot 8 - 1 + 1/3$$
$$= 3 - 7/3 = 2/3$$

と同じ答となります。当然ですが・・・・・

IB 問題

$f(x) = \sin x / x$, $\pi \leq x \leq 3\pi$ という関数を考える。このグラフと x 軸とで囲まれた領域の面積を求めよ。

〔2001 年上級レベル ペーパー 1〕

解

x軸との交点は sin x = 0 となる点だから x = π, 2π, 3π
求める面積を A とおけば

$$A = \left| \int_{\pi}^{2\pi} \frac{\sin x}{x} dx \right| + \left| \int_{2\pi}^{3\pi} \frac{\sin x}{x} dx \right| = 0.4338 + 02566 = 0.690 \text{ ユニット}$$

(これも特に指示されてはいないが、グラフィック・カルキュレータを使う問題)

つぎに体積を求める積分をやってみましょう。これは細かい台形を並べて足していく代わりに薄切り円盤を重ねていくやり方を使います。

$y = x^2$ を x = 0 から 2 までの範囲で x 軸の周りにまわしてできる回転体の体積を求めよ。

これにはまず、ごく小さい幅 (Δx)、半径が y の薄い円盤を考えます。

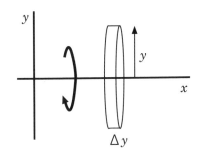
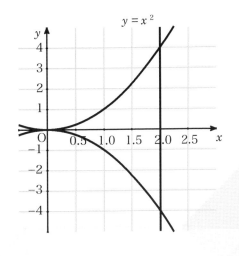

そうするとこの円盤の体積 v は、半径が y だから
$v = \pi y^2 \cdot \Delta x$

今求めるべき体積を V とすれば V は v を x = 0 から 2 までの範囲で重ね合わせたものと同じ。したがって、Δx を限りなく小さくして (つまり Δx → dx とする、これが dx の意味) x = 0 から 2 まで積分すればよい。

$$V = \int_0^2 \pi y^2 \cdot dx = \int_0^2 \pi (x^2)^2 \cdot dx = \int_0^2 \pi x^4 \cdot dx$$
$$= \pi [1 \cdot 5 \cdot x^5]_0^2 = \pi/5(2^5 - 0^5) = 32\pi/5$$

答が出ました。

では早速以下の問題をやってみてください。

問題 $y = x^2$ を $y = 0$ から 2 までの範囲で y 軸に沿って回転させてできる物体の体積を求めよ。

今度は x 軸ではなく y 軸に沿って回転させる物体です。前の例に比べて何をどう変えたらよいのでしょうか。これが分かればこの節の理解は十分と言えます。

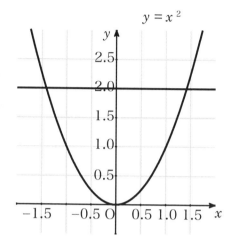

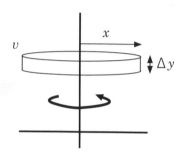

$$v = \pi \cdot x^2 \cdot \Delta y$$

今求めるべき体積を V とすれば V は v を $y = 0$ から 2 までの範囲で重ね合わせたものと同じ。

$$V = \sum \pi \cdot x^2 \cdot \Delta y$$

したがって、Δy を限りなく小さくして（つまり $\Delta y \to dy$ とする、これが dy の意味）$y = 0$ から 2 まで積分すればよい。

$$V = \int_0^2 \pi\, x^2 \cdot dy = \int_0^2 \pi\, y \cdot dy = \pi\, [1/2 \cdot y^2]_0^2$$
$$= \pi/2\,(2^2 - 0^2) = 2\pi$$

これが答です。

問題 $y = x^2$, $y = 2x^2$, $x = \pm 2$ の3つの線で囲まれる部分が，y 軸を中心として回転させてできる立方体の体積を求めよ。

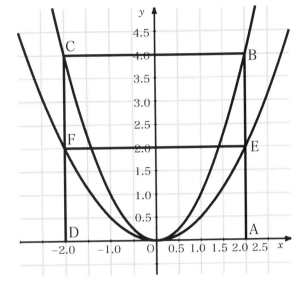

方針：

この種の回転させてできる体積を求める問題としては，一番難しい問題といえます。途中で囲む線が変わるため，積分区間を分けて別々に積分計算しなければなりません。

解

まずそれぞれの交点を求めます。$(\pm 2, 2)$ と $(\pm 2, 4)$ の4点です。したがって $y = 2$ の線で該当部分を上下2箇所に分けます。

$y = x^2$ で規定される x を x_1，$y = 2x^2$ で規定される x を x_2 と表します。

下の部分の体積 $\sum \pi ((x_1)^2 - (x_2)^2) \cdot \Delta y$

$$\to \int_0^2 \pi ((x_1)^2 - (x_2)^2) \, dy = \pi \int_0^2 (y - y/2) \, dy$$

$$= \pi \left[1/4 \cdot y^2 \right]_0^2 = \pi$$

上の部分の体積 $\sum \pi (2^2 - (x_2)^2) \cdot \Delta y$

$$\to \int_2^4 \pi (2^2 - (x_2)^2) \, dy = \pi \int_2^4 (4 - y/2) \, dy$$

$$= \pi \left[4y - 1/4 \cdot y^2 \right]_2^4 = \pi (12 - 7) = 5\pi$$

したがって求める体積は
$\pi + 5\pi = 6\pi$

問題 底面の一辺の長さが4cm，高さが4cm の正4角錐の体積を，積分を使って求めよ。

解説：四角錐の体積ならば底面積×高さ÷3で求まりますが，この問題のミソはそれを積分で求めよ，というところです。これまでのように薄い円盤を重ねるのではなくなったのでまごつく人もいるかもしれません。しかし体積分の原理が「薄い"板"を無限に重ねて

体積を求める」ことであるのがわかってさえいれば，これも同様にして解けます。

解：

四角錐を右図のように置き，底面の辺の長さ $2y$ を x の関数で表します。

直線 AB は $y = 1/2 \cdot x$ で表せますから，

$2y = x$

従って正方形の面積は $(2y)^2$ つまり x^2
これより求める体積 V は

$$V = \int_0^4 x^2 \, dx = [\frac{x^3}{3}]_0^4 = 64/3$$

すでに知られた四角錐の体積は，
$V = (4^2 \cdot 4)/3 = 64/3$
めでたく一致しました。

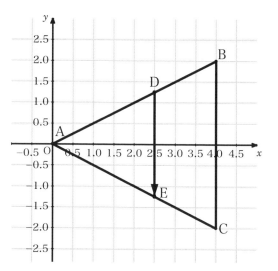

3-3-6 積分の応用問題

(1) 物体の移動問題

積分の応用問題で一番頻繁に出題されるのが速度を変えながら移動する物体のある時間後の位置と総移動距離を求める問題です。

この位置と時間は積分で考えるとどういうことになるのでしょうか。この物体の速度が時間の関数で次のように与えられるとします。

$V(t) = t^3 - 6t + 5t$
t は時間（秒，$0 < t$）

そうすると時間を横軸，速度を縦軸とするグラフでこの物体の動きを表すと右のグラフ
となります。
つまり，最初から1秒までは速度は正つまり前進し，1秒から5秒までは速度は負，つまり

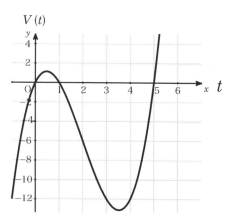

後退します。

この場合の積分，つまりグラフで関数の曲線と横軸とで囲まれる面積は速度掛ける時間ですから，移動距離です。

プラスの面積は前進方向に移動した距離→前進距離
マイナスの面積は後退方向に移動した距離→後退距離

ではゼロ秒から5秒までを積分した，

$\int_0^5 V(t)\,dt$ はいったい何を意味するのでしょう。

これは基準値地点からプラスのA距離 + 基準地点からマイナスのB距離
→ 基準地点（ゼロ秒時）からの位置
なのです。

では次の積分，面積がマイナスとなる部分は強制的にプラスとした積分はどんな意味があるのでしょう。

$\int_0^1 V(t)\,dt + \left|\int_1^5 V(t)\,dt\right|$

これはグラフで表せば右のようになります。

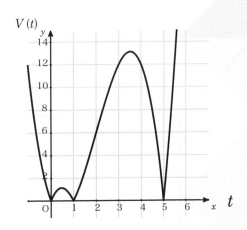

つまりこれは前進後退に関係なく<u>トータルで移動した距離，総移動距離</u>なのです。

IB 問題

(1) $y = \sin(kx) - kx\cos(kx)$ という関数を考える。ここで k は定数とする。

$dy/dx = k^2 x \sin(kx)$ となることを示せ。

(2) 粒子が直線に沿って移動している。その移動速度はある点を通過してからの経過時間 t の関数で以下に定義される。

$$v(t) = t \sin(\pi t / 3)$$

1) $0 \leq t \leq 6$ の範囲で $v(t) = 0$ となる t の値を求めよ。
2) この粒子が $t = 0$ から 6 秒後までに移動した総移動距離を t の関数で表せ。
3) その始点からの位置 D を求めよ。

〔2001 年上級レベル ペーパー 2〕

解

(1) $dy/dx = k\cos(kx) - k\{\cos(kx) + x\{-k\sin(kx)\}\}$
    $= k\cos(kx) - k\cos(kx) + k^2 x \sin(kx)$
    $= k^2 x \sin(kx)$

(2)
1) $v(t) = t\sin(\pi/3 t) = 0 \rightarrow t = 0, 3, 6$ sec.
2) 総移動距離 D は

$$D = \left| \int_0^3 t\sin(\pi/3 t)\,dt \right| + \left| \int_3^6 t\sin(\pi/3 t)\,dt \right|$$

$$= 2.865 + 8.594 = 11.459$$

3) 始点からの位置 D は

$$D = \int_0^3 t\sin(\pi/3 t)\,dt + \int_3^6 t\sin(\pi/3 t)\,dt$$

$$= 2.865 - 8.594 = -5.729 = -5.7 \text{m}$$

確率への応用問題

これは統計のところで出てきますが，積分を使う問題です。

問題 1 0 から 8 の範囲で規定されるケース x に対し，確率関数 $P(x)$ が次のように定義されている。

$$P(x) = a\sqrt{(x)^3}$$

定数 a の値を求めよ。

さあ，これが積分の問題であることに気がつきましたか。

確率というのは起こりうるすべてを足せば1となります。ですからこの確率関数 $P(x)$ を0から8まで積分したものが1となるはずです。

$$\int_0^8 P(x) \cdot dx = 1$$

$$\int_0^8 a\sqrt{x^3} \cdot dx = a \int_0^8 \sqrt{x^3} \cdot dx = a[2/5 \cdot x^{5/2}]_0^8$$

$$= 2a/5 \cdot 8^{5/2} = 1$$
よって $a = 5/2^{13}$

IB 問題

ある離散系変数 X が次の確率分布を持っているとする。

x	0	1	2	3	4
$p(X=x)$	1/8	3k	1/6k	1/4	1/6k

(1)　　k の値を求めよ。
(2)　　$0 < X < 4$ での p の値を求めよ。

〔1998年上級レベル ペーパー1〕

解

(1)　$1/8 + 3k + 1/6k + 1/4 + 1/6k = 1$
　　これより $10k/3 = 5/8$ したがって $k = 3/16$　　　$k = 3/16$

(2)

x	0	1	2	3	4
$p(X=x)$	1/8	9/16	1/32	1/4	1/32

$p(0 < X < 4) = 9/16 + 1/32 + 1/4 = 27/32$

3-3-6 積分の応用問題

$p(0 < X < 4) = 27 / 32$

数学こぼれ話

秘儀 " 真剣白刃取り " への科学的考察
果たして " 真剣白刃取り " は可能や否や？

時代劇ファンならずとも映画やテレビの時代劇で，刀を持たない兵法の達人が襲ってくる敵の刀を，それが頭の上に振り下ろされる瞬間，両手ではっしとばかりに受け止めてしまう，秘儀，真剣白刃取りの妙技をご覧になったことが一度ならずともあると思います。

本当にこのような技が可能なのでしょうか。それともあの技は唯の宣伝，もっと言ってしまえば単なるまやかしなのでしょうか。

それを数学，物理学の見地から検証してみたいと思います。

そもそも動く物体を止めるには，速度がゼロに変わることから生じる加速度と，動いている物体の質量との積に比例する力が必要になります。高校で学んだお馴染みの式，ニュートンの運動力学第一法則

$F = M \cdot \alpha$ ここで F：力（単位 Newton），M：質量（単位 kg），
α：加速度（単位 m/s^2）

がそれです。

基本的にこの式から上記命題の答えを導くことができます。

それでは実際にやってみましょう。

1. まず質量 M を求めてみます。

真剣の重さは時代によって変わります。平安末期の刀は武士と言えば専ら騎馬武者で，刀は馬の上から振り回すタイプであったため刀身も分厚くて長く，重さも優に5kgはあり

ました。時代が下るにつれ戦場での使われ方も馬上から地上での格闘へと変遷し、それに合わせて刀は刀身が細くかつ短くなり重さはますます軽くなっていきました。最終的には江戸時代後期で2.5kg程度にまで軽くなります。鎧もつけずにそのままで切り合うのですから、短くて軽い刀の方が実用的となったわけです。

ここでは江戸時代の刀の平均的な重さ、3kgプラス両腕の重さ約7kg、計10kgを質量とします。

2. 次にこの問題のハイライト、加速度を計算してみましょう。

(1) 最初は刀が振り下ろされる時の周速度、ちょうど素手でつかむ部分の速度を考えます。

刀が動く軌跡を円運動と見立てて、それがちょうど一周するのに何秒かかるでしょう。人を切る場合の刀の動く早さを考えてみましょう。恐らく一周で0.5秒以下でしょう。とりあえず、0.5秒としてみます。つまり角速度ωが$2\pi/0.5$（単位 ラジアン/秒）となります。

これを実際に刃の部分が動く直線速度、Vに換算します。

$V = r \cdot \omega$

の式を使えばいいのです。どうですか、だんだんと記憶が蘇って来ましたか。

ここでrは回転半径。回転する腕の有効長さを0.6m、そこから刀の素手で受け止められる位置までの距離を0.55mとすれば、この式に入れるrは、$r = 0.6 + 0.5 = 1.1$m

となります。

これから素手で受け止めるべき刀の刃の部分の速度は

$\quad V = 1.1 \times 2\pi/0.5$

$= 4.4\pi$ m/s

であることがわかります。秒速で約14m、時速で50km、どうですか、速いと思いますか。それとも遅いでしょうか。

(2) 次にいよいよ加速度を計算します。

いま上で計算した速度が、刀に手が触れてから0.01秒後に完全に静止したと考えます。そうすると加速度αは

$$\alpha = \frac{4.4\pi - 0}{0.01} = 440\pi \text{ m/s}^2$$

それではこの加速度の値が妥当かどうか検証してみましょう。その方法はこの加速度が生じて真剣の刃先が止まるまでに動く距離を計算してみればわかります。つまり、刀の刃に手が触れてから刀の動きが止まるまでに動く移動距離Sを定積分で計算して求めるのです。

$$S = \int_0^{0.01} (V - \alpha\, t)\, dt$$

$$= \left[4.4\pi \cdot t - 440\pi \cdot 1/2\, t^2 \right]_0^{0.01}$$

$$= 2.2\pi / 100 = 0.069\ \text{m}$$

つまりこの加速度ですと刀が静止するまで約7cm下に動くことになり，これくらいの移動距離ならば実際的です。これが例えば一桁多くて70cmであったりすれば，それだけ刃先が移動すると間違いなく頭から首に掛けて真っ二つに切り下げられてしまいますから不合理です。

よって，この加速度で大体間違いないことが確認できました。

3. ではこの加速度を生じさせるのに必要な力，つまり振り下ろされてくる刀を挟んで動きを止めるのに必要となる力の大きさを計算しましょう。

はじめに述べたとおり，必要な力 F は
$F = M \cdot \alpha = 10 \times 440\pi = 13.823$ 約14キロ・ニュートン
となります。

以上で振り下ろされてくる真剣を受け止めるのに必要な上向きの力が求まりました。

次にこの上向きの力を生じさせるのに，いったいどれくらいの力で水平方向に刀を挟み込めばよいのでしょうか。水平方向に刀を挟み込むと，上向きに生じる力というのは、
1) 刃先の角度によって生じるベクトルの力 (高校でさんざん勉強しましたね)
2) 挟むことで生じる摩擦力，この場合は動いている物体間で生じる摩擦なので動摩擦
の2つの力です。このそれぞれを計算してみましょう。

1) ベクトル力

今, ベクトルによる力の分解を分かりやすくするために, 刀の刃先角度を実際（2度以下）よりも遥かに大きく誇張して描きます。

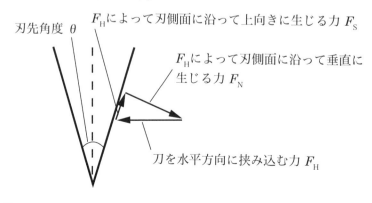

これらの力の相互関係はベクトルの合成から

$F_H = F_S + F_N$

ここで $F_S = F_H \times \sin(\theta/2)$

F_S はまだ上向きの力ではありません。これを完全に上向きの力とするにはもう一回 cos ($\theta/2$) を掛けてやる必要があります。

$F_V = F_S \cos(\theta/2)$
$= F_H \sin(\theta/2) \cos(\theta/2)$
$= F_H \cdot 1/2 \cdot \sin\theta$

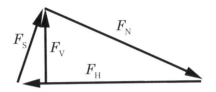

刃先角度を2度とすれば

$F_V = F_H \cdot 1/2 \cdot \sin(2度) = F_H \cdot 0.0174$

となり、力のベクトル分解の結果、挟み込む力 F_H の何と 2/100 足らずにしかならないことが分かります。これでは頼りになりません。もう一つの摩擦力に期待しましょう。

2) 摩擦力

摩擦には静止状態で働く静摩擦力と、滑っている状態で働く動摩擦力の2つがあります。板を斜めにしてその上に物を置きます。角度は小さいうちは静摩擦力の方が滑ろうとする力よりも大きいので、物体は滑らずに板の上で頑張って止まっています。角度が大きくなるにつれ、静摩擦力の限界に達し、もう頑張りきれずに物体は坂を滑り落ち始めます。この滑り落ちているときに働く摩擦力が動摩擦力で、もうお分かりのように動摩擦力は静摩擦力よりも小さくなります。そうでないと滑り始めた途端に止まってしまいますから。

摩擦力 F_M は（動）摩擦係数 μ_v と斜面を垂直方向に押す力（抗力）F_N とで次のように表されます。

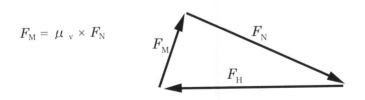

$F_M = \mu_v \times F_N$

この摩擦係数 μ_v は滑りあう物体の表面状態により決まります。ざらざらであれば摩擦（係数）は大きくなり、滑滑であったり、間に水や油などの流体が入れば極端に小さくなります。

従って余程の達人でもない限り素手の状態で刀を振り下ろされる場面では緊張のあまり手に汗をかいてしまい，もうそれだけで真剣白刃取りは不可能になってしまうのです。
　…なるほど，それが秘儀といわれる所以ですね，納得しました。(聞き手)

さて，手に汗などかいていない乾いた状態であれば動摩擦係数は甘めに見積もって0.1くらいでしょう。そうしますと摩擦力により上向きに働く力F_Vは

$$F_V = \cos(1度)F_M = \cos(1度) \times 0.1 \times F_N$$
$$= \cos(1度) \times 0.1 \times \cos(1度) \times F_H$$
$$= \cos^2(1度) \times 0.1 \times F_H$$

このF_Vが14キロ・ニュートンなければ刃は止められませんから，

$$F_H = 14,000 \times 10 / 0.9996 = 140,056 ニュートン$$

以上の作業によってやっと必要な挟み込む力が計算できました。力のベクトル分解から求められた挟み込み力は約140キロ・ニュートンとなります。

実感が湧きませんか？ではこう説明しましょう。
これは(地球上で)体重50kgの人が286人乗って生じる力と同じです。どうですか，いくら達人とはいえ両手でそれだけの力を，まして秒速14mの速さで動くものを捉える瞬間に発することは到底できないはずです。
つまり真剣白刃取りという技は，実際には有り得ない技であることがはっきりと検証されました。
特別の状況下で奇跡が起こって，白刃取りができたことはあるいはあるかもしれません。私は奇跡までも否定するほど尊大な気持ちは持っておりません。しかし，それはあくまでも奇跡であって，修練して習得可能となる技とは到底言えません。
従いましてこれ以降，「真剣白刃取り」という言葉はタモリさんに頼んでガセビア扱いとして，底なし沼に沈めてしまうことに致します。

ところで真剣白刃取りと似ていてまったく異なるものに，柳生新陰流秘伝，無刀取りがあります。これは素手の状態で刀を持った敵に襲い掛かられたとき，紙一重の差で刃をかわしながら相手のバランスを崩して投げ，相手から刀を奪うという技で，柳生流の開祖，柳生石舟斎によって編み出されたものと伝えられています。
この技はその後柳生新陰流から派生した柳生制剛流柔術へ伝承され，さらに他の多くの柔術諸派にも取り入れられて今日に至っています。従いまして無刀取りは本物の技です。

どうか，くれぐれも無刀取りと真剣白刃取りとを混同しないようにしてください。

以上，長々と理屈っぽいお話にお付き合いいただきまして誠に有難うございました。

著者紹介

倉部 誠（くらべ まこと）

　1950年千葉県柏市（当時は千葉県東葛飾郡土村）で生まれる。

　1984年、東京理科大学大学院博士課程在学中に奨学金を得て，ポーランド国立科学アカデミー基礎工学研究所(IPPT PAN)で弾性学の研究を続けるために初めて外国、ポーランドへ渡る。そこで体調を崩し不意の入院生活をした病院で、彼の地の人たちから言葉に尽くせないほどの暖かい親切を受け、ポーランドが生涯で忘れられない国となる。

　病気を治して帰国してから3年後に、当時その病院で勤めていた看護婦さんと結婚。その後博士課程を中退して三菱自動車工業へ入社、エンジンの開発に従事。さらに日本ビクター(JVC)へ移籍してビデオの開発に携わる。

　その後生涯の夢であった「欧州で暮らす」ことを実現するために技術者を辞め、海外へ行ける生産部へ移籍。それでも希望が叶えられず、平成元年に8年間勤めたJVCを辞めてオランダへ渡る。 技術を離れてから生産管理、物流購買を経験してオランダで会社経営に携わったが、JVCを辞めてオランダへ渡って以降は会社運がなく、海外生活16年間で2度転社を余儀なくされ、その都度一から這い上がって経営者に戻ることを繰り返した。定年前の最後の10年間は経営者時代に学んだ財務会計の知識を活かして経理、財務として日本企業の現地法人に勤め、2015年にオランダで65歳の定年を迎えた。以降は帰国して日本で暮らし、大好きなポーランドと日本の間を行ったり来たりする生活を送っている。

　妻と入院時にお世話になった病院の先生の2家族3代をモデルにして，ポーランド人の苦闘の歴史を描いた『ワルシャワ物語』の出版をライフワークとして取り組みながら、伝統武芸「合気柔術逆手道」を世界中に普及させるべく尽力中。

〈主な著作〉
1)『図説モード解析入門』大河出版　1988年刊行
2)『よく分かる振動モード解析入門』日刊工業新聞社　1989年刊行
3)『物語オランダ人』文芸春秋社　2001年刊行
4)『できる合気術』BABジャパン　2012年刊行
5)『三戦のなぜ』翻訳出版　BABジャパン　2012年刊行

装幀：中野岳人
本文デザイン：リクリ・デザインワークス

はじめてのバカロレア数学
公式暗記は不要！ 思考力がつく "社会で使える" 数学

2016 年 11 月 10 日　初版第 1 刷発行

著　者　　　倉部 誠
発行者　　　東口 敏郎
発行所　　　株式会社ＢＡＢジャパン
　　　　　　〒151-0073 東京都渋谷区笹塚 1-30-11 4・5Ｆ
　　　　　　TEL　03-3469-0135　　FAX　03-3469-0162
　　　　　　URL　http://www.bab.co.jp/
　　　　　　E-mail　shop@bab.co.jp
　　　　　　郵便振替 00140-7-116767
印刷・製本　株式会社暁印刷

ISBN978-4-8142-0018-4　C1041
※本書は、法律に定めのある場合を除き、複製・複写できません。
※乱丁・落丁はお取り替えします。